VERSTÄNDLICHE WISSENSCHAFT

ZWEIUNDVIERZIGSTER BAND

DIE ERDE ALS PLANET

VON

KARL STUMPFF

BERLIN · GÖTTINGEN · HEIDELBERG

SPRINGER-VERLAG

DIE ERDE ALS PLANET

VON

DR. PHIL. KARL STUMPFF

A. O. PROFESSOR I. R.

LEHRBEAUFTRAGTER FÜR ASTRONOMIE AN DER UNIVERSITÄT GÖTTINGEN

ZWEITE, VERBESSERTE UND ERWEITERTE AUFLAGE

6.—11. TAUSEND

MIT 57 ABBILDUNGEN

BERLIN · GÖTTINGEN · HEIDELBERG

SPRINGER-VERLAG

Herausgeber der Naturwissenschaftlichen Abteilung:
Prof. Dr. Karl v. Frisch, München

ISBN 978-3-642-86252-6   ISBN 978-3-642-86251-9 (eBook)
DOI 10.1007/978-3-642-86251-9

Inhaltsverzeichnis

I. Die Erde im Weltbild des Menschen 1
Das geozentrische Weltbild der Antike. S. 4. — Das heliozentrische
Weltbild. S. 8. — Bedenken gegen die kopernikanische Theorie.
S. 9. — Die Keplerschen Gesetze. S. 10. — Die Erfindung des
Fernrohrs. S. 11. — Die Begründer der modernen Mechanik. S. 12.
— Die Fixsternsphäre fällt. S. 14. — Weltanschauliche Folge-
rungen. Astronomie und Astrologie. S. 17. — Wiedergeburt der
Astrologie? S. 21.

II. Die Erde ist eine Kugel 22
Beweise für die Kugelgestalt der Erde. S. 22. — Messung des
Erdumfangs im Altertum. S. 25. — Geschichte der Gradmessung
in neuerer Zeit. S. 27. — Die Abplattung der Erdkugel. S. 30.
— Das internationale Längenmaß. S. 32 — Das Geoid. S. 34.

III. Die Erde dreht sich 38
Der Tag als Zeitmaß. S. 38. — Mittlere Sonnenzeit und Sternzeit
S. 40. — Geschichte der Tageseinteilung und der Zeitmessung.
S. 43. — Der moderne Zeitdienst. S. 47. — Ungleichförmig-
keiten der Erdrotation. S. 48. — Die Zeitgleichung. S. 49. —
Orts- und Zonenzeit. S. 51. — Beweise für die Erddrehung. S. 54.

IV. Die Orientierung auf der Erdoberfläche 57
Das Gradnetz der Erde. S. 58. — Bestimmung der geographi-
schen Breite. S. 59. — Bestimmung der geographischen Länge
S. 62. — Terrestrische Orientierung. S. 65. — Bestimmung der
Seehöhe. S. 68.

V. Die Erde wandert um die Sonne 70
Das Jahr und die Jahreszeiten. S. 71. — Aus der Geschichte des
Kalenders. S. 74. — Die Woche. S. 78. — Das Julianische Datum.
S. 80 — Jahresanfang. S. 81.

VI. Erde und Mond — ein Doppelgestirn 82
Größe und Entfernung des Mondes. S. 82. — Mondbewegung,
Mondphasen und Monat. S. 83. — Das Osterdatum. S. 85. —
Ebbe und Flut. S. 86. — Gezeiten der Atmosphäre und des Erd-
körpers. S. 91 — Die Präzession der Tag- und Nachtgleichen. S. 93.

VII. Lebensspenderin Sonne 96
Die Atmosphäre als Wärmeschutz. S. 96. — Größe und Abstand
der Sonne. S. 99. — Die Parallaxe der Gestirne. S. 101. — Moderne
Bestimmung der Sonnenparallaxe. S. 103. — Masse und Dichte der
Sonne. S. 106. — Das Spektrum des Sonnenlichts. S. 107. — Der
Strahlungshaushalt der Sonne. S. 109. — Der Wärmehaushalt der
Erde. Klimaschwankungen. S. 111. — Die Sonnenflecke. S. 114.

VIII. Erdpole und Erdmagnetismus 117
Eigentümlichkeiten der Erdpole. S. 117. — Polwanderung und

Polhöhenschwankung. S. 119. — Der Erdmagnetismus. S. 122. — Schwankungen des erdmagnetischen Feldes. S. 124.

IX. Der Körperbau des Planeten Erde 127
Ältere Ansichten S. 127. — Masse und Dichte der Erde S. 128. — Die seismographische Erforschung des Erdinnern. S. 129. — Temperatur und stoffliche Beschaffenheit des Erdinnern. S. 134. — Die Erforschung der Erdrinde. S. 136.

X. Die Lufthülle der Erde 139
Höhe und Dichte der Atmosphäre. S. 140. — Stoffliche Zusammensetzung der atmosphärischen Luft. S. 142. — Die Temperatur der Atmosphäre. S. 143. — Die Ionosphäre S. 145. — Die Atmosphäre und das Licht. S. 146.

XI. Erde, Weltall und Leben 151
Beziehungen zwischen Erde und Weltall. S. 152. — Die Planeten als Lebensträger 155. — Mars und Venus. S. 158. — Die Gezeitenreibung. S. 162. — Vergangenheit und Zukunft der Erde. S. 165. — Planetenseelen. S. 167. — Erde und Fixsterne. S. 168. — Entstehung der Planeten. S. 170.

Berichtigung 172
Namen- und Sachverzeichnis 173

I. Die Erde im Weltbild des Menschen

*Und schnell und unbegreiflich schnelle
Dreht sich umher der Erde Pracht;
Es wechselt Paradieseshelle
Mit tiefer, schaudervoller Nacht;
Es schäumt das Meer in breiten Flüssen
Am tiefen Grund der Felsen auf,
Und Fels und Meer wird fortgerissen
In ewig schnellem Sphärenlauf.*

So sieht das Auge des Dichters den Planeten Erde; so kündet sein Wort durch den Mund des Erzengels die erhabene Schönheit jenes Himmelskörpers, der dem Menschengeschlechte zum Wohnsitz bestimmt ist, die Gewalt der Kräfte, die sich auf seiner Oberfläche aufbauend und zerstörend entfalten und ihn selbst wie einen Spielball in der Hand mächtiger Götter durch die Tiefen des Raumes wirbeln. Aber nur im Spiegel der Phantasie oder in der gestaltenden Vorstellungskraft des Wissenschaftlers gewinnt dieses erregende Bild Leben. In Wirklichkeit hat noch kein menschliches Auge die Erde als kosmische Einheit erblickt, als im leeren Raum einherrollende Kugel, halb verhüllt von ständig wechselnden Wolkenschleiern, mit ihren hellen und bunten Kontinenten und den ungeheuren dunklen Meeresflächen, aus denen dann und wann gleich einem strahlenden Stern das Spiegelbild der Sonne hell aufleuchtet.

Dennoch besitzen wir seit einigen Jahren unbestechliche und authentische Zeugnisse darüber, daß jene von der Wissenschaft im Verlauf von mehr als zweitausend Jahren erarbeitete Vorstellung von der Natur unserer Erde Wirklichkeitswert besitzt. Auf dem großen Versuchsfeld „White Sands" in der Wüste von Neu-Mexico, zwischen El Paso und Santa Fe, haben amerikanische Wissenschaftler Raketen von der Art der V 2 bis zu Höhen von mehreren hundert Kilometern aufsteigen lassen. Eingebaute Filmkameras, die beim Absturz des Geschosses abgeworfen wurden und mit Fallschirmen unbeschädigt zur Erde zurück gelangten, haben das Bild unseres Planeten festgehalten, wie es sich von einem Standpunkt aus darbietet, der praktisch außerhalb, wenn auch noch nicht sehr weit außerhalb der Atmosphäre liegt. Auf diesen in der Geschichte der Photographie erstmaligen Aufnahmen erscheint unsere Erde zwar noch nicht als Vollkugel, wohl aber erblickt man länderweite Ausschnitte ihrer Oberfläche, die bis an den kreisbogenförmigen Rand reichen, mit dem die sonnenbeleuchtete „Erdscheibe" sich für den außerirdischen Beobachter gegen den dunklen Weltraum abhebt (s. Abb. 1). Wir sind hier Augenzeugen einer Entwicklung, die bei dem raschen Fortschritt der Technik zweifelslos schon bald zu weiteren und umfassenderen Ausblicken führen wird, und die bewirken wird, daß unsere Vorstellung von der Erde als Planet des Sonnensystems ihres bisher immer noch mehr oder weniger abstrakten Charakters entkleidet wird.

Die Kugelgestalt der Erde ist schon seit dem Altertum bekannt. Wir werden im nächsten Kapitel erfahren, daß im 4. Jahrhundert v. Chr. *Aristoteles* stichhaltige Beweise für die Kugelform der Erde erbrachte, daß hundert Jahre nach ihm *Eratosthenes* den Erdumfang durch Messung bestimmte, und zwar angesichts der primitiven Geräte, die ihm dabei zur Verfügung standen, überraschend genau. Die alten Griechen besaßen also schon frühzeitig nahezu richtige Vorstellungen von Gestalt und Größe des Erdkörpers. Aber das Vertrauen auf die Zuverlässigkeit wissenschaftlicher Erkenntnisse war zu jener Zeit noch gering. Den Zeitgenossen jener großen Gelehrten blieb die kugelförmige Erde zunächst noch ein abstrakter Lehrbegriff, mit dem sie praktisch nicht viel anfangen konnten. Der Gedanke an die Möglichkeit einer Reise um die Erde lag dem antiken Menschen völlig fern. Viele Schwierigkeiten standen einer solchen Vorstellung im Wege — vor allem wohl die naturgegebenen Begriffe „Oben" und „Unten". Würde man nicht, wenn man sich zu weit über die Krümmung der Erdoberfläche hinauswagte, unaufhaltsam über den Rand ihres bewohnbaren Teils hinabgleiten und in eine unbekannte Tiefe stürzen? Würde nicht bei einer Seereise nach Süden das Meer immer wärmer werden und schließlich zu kochen beginnen?

Bedenken dieser und anderer Art haben in der Tat noch bestanden, bis *Kolumbus* (1492 n. Chr.) den Versuch unternahm, Indien auf einer Seefahrt nach Westen zu erreichen, und dabei Amerika entdeckte, genauer gesagt: die Amerika vorgelagerten

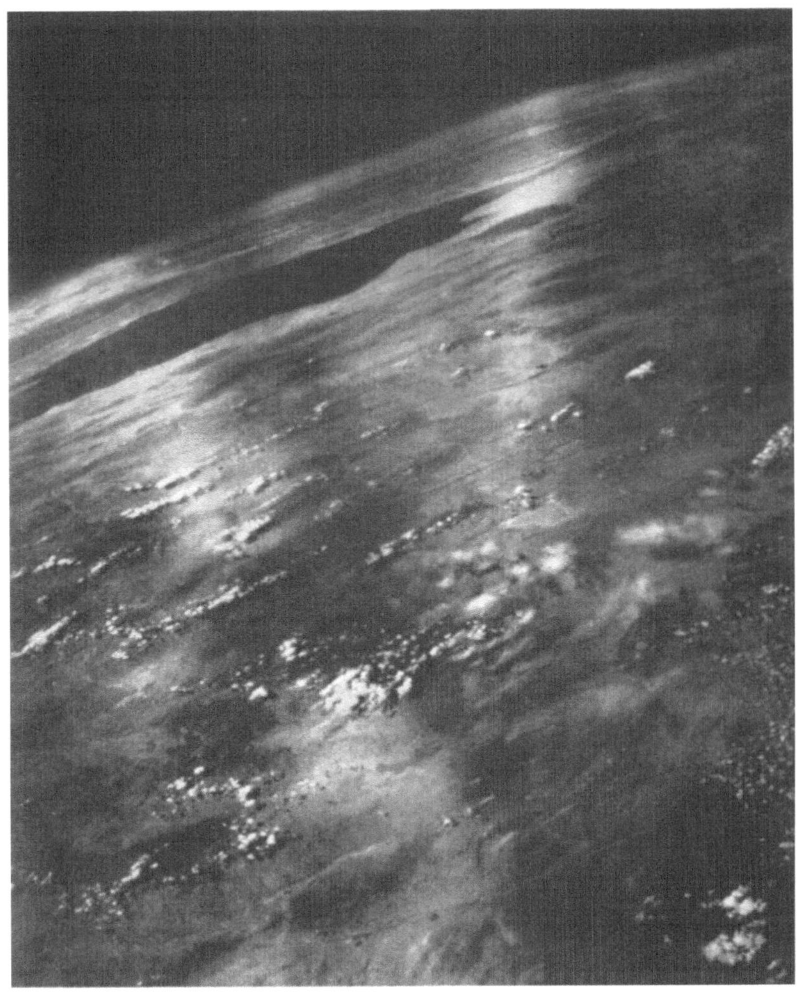

Abb. 1. Anblick der Erde aus 160 km Höhe. Das Bild wurde aus einer V2-Rakete aufgenommen, die in White Sands (Neu-Mexiko) abgefeuert wurde. Es zeigt etwa 500 000 qkm von USA und Mexiko. Am Horizont der Golf von Kalifornien als dunkle Fläche, dahinter Nieder-Kalifornien und der wolkenbedeckte Stille Ozean.

„westindischen Inseln". Diese Entdeckungsreise, die ein neues Zeitalter der Menschheitsgeschichte einleitete, ist nicht zuletzt deshalb so bedeutungsvoll, weil sie bewußt im Vertrauen auf die Richtigkeit wissenschaftlicher Erkenntnisse unternommen wurde. Wir wissen, daß Amerika schon mehrere Jahrhunderte früher von dem nordischen Volk der Wikinger betreten wurde. Diese Entdeckung blieb aber ohne Folgen und wurde vergessen, weil sie lediglich das zufällige Ergebnis ungestümen Tatendrangs war, ein Ergebnis, dem noch die weltanschauliche Basis und damit die Möglichkeit seiner Einordnung in eine wissenschaftlich gesicherte Vorstellungswelt fehlte.

Das geozentrische[1] *Weltbild der Antike.* Die Wirkungen, die von der erfahrungsmäßigen Bestätigung der Kugelgestalt der Erde durch die ersten vollendeten Weltumsegelungen zu Beginn des 16. Jahrhunderts ausgingen, waren ungeheuer. Das Weltbild der Antike, dem das ganze Mittelalter nur wenig hatte hinzufügen können, rückte aus der Verborgenheit der Studierstuben in das Licht des allgemeinen Interesses. Die Gelehrten selbst, die bis dahin in diesem Weltbild mehr ein gedankliches Hilfsmittel zur Beschreibung der Naturvorgänge als eine tatsächliche mechanische Gegebenheit gesehen hatten, fühlten sich nun dazu angeregt, auch die übrigen Bestandteile der überlieferten Vorstellungen vom Aufbau der Welt auf ihren Wirklichkeitswert und ihre Stichhaltigkeit zu überprüfen.

Hier lag nun folgender Tatbestand vor: Daß die Erde fest und unbeweglich im Mittelpunkt des Weltalls ruht, war die kaum jemals bestrittene Grundlage des antiken Weltbildes. Nur selten war an dieser mit dem Augenschein so gut übereinstimmenden Vorstellung zu rütteln versucht worden. *Philolaus*, ein in der zweiten Hälfte des 5. Jahrhunderts v. Chr. lebender griechischer Gelehrter der pythagoräischen Schule, glaubte, daß die Erde und eine von ihren bewohnten Teilen aus stets unsichtbare „Gegenerde" sich gemeinsam um ein „Zentralfeuer" bewegen — diese merkwürdige Theorie erklärte, ähnlich wie die modernere Lehre von der Rotation der Erde um ihre Achse, die tägliche Umdrehung der Himmelskugel als einen scheinbaren Effekt. Fast zwei Jahrhunderte später

---

[1] Geozentrisch = Erde im Mittelpunkt (der Welt).

lehrte *Aristarch von Samos* die Rotation der Erdkugel und ihre Bahnbewegung um die Sonne. Aber weder die eine noch die andere dieser Ansichten konnte sich durchsetzen. In der Mitte des zweiten Jahrhunderts n. Chr. faßte der in Alexandria lebende Gelehrte *Claudius Ptolemäus* das astronomische Wissen seiner Zeit in einem großen Handbuch zusammen, das uns, in der arabischen Übersetzung unter dem Titel „Almagest" bekannt, erhalten geblieben ist; in diesem Buch, das fast anderthalb Jahrtausende lang als das Standardwerk der Himmelskunde angesehen wurde, finden wir die Theorie der Gestirnsbewegungen bis in alle Einzelheiten auf Grund der *geozentrischen* Vorstellung durchgeführt. Die kugelförmige Erde ruht unbeweglich in der Mitte des Weltalls. Die Himmelskugel (die Fixsternsphäre oder das „primum mobile"), an der die Fixsterne angeheftet sind, dreht sich mit gleichförmiger Geschwindigkeit um dieses Zentrum. Zwischen ihr und der Erde aber bewegen sich nach eigenen Gesetzen die Sonne, der Mond und die fünf Planeten Merkur, Venus, Mars, Jupiter und Saturn.

Es ist nicht unsere Aufgabe, den tief durchdachten Mechanismus zu beschrieben, mit dessen Hilfe *Ptolemäus* die mehr oder weniger komplizierten Bewegungen dieser sieben Wandelsterne zu deuten versuchte[1]. Genug, daß es ihm gelang, die mit bloßem Auge beobachtbaren Himmelserscheinungen zu erklären und, ausgehend von der geozentrischen Grundvorstellung, die Stellung von Sonne, Mond und Planeten für jeden beliebigen Zeitpunkt und mit einer Genauigkeit vorauszuberechnen, die für die primitiven Beobachtungshilfsmittel und Meßgeräte jener Zeit ausreichte. Tatsächlich wurde man auf die Ungenauigkeit und Unzulänglichkeit der im Almagest beschriebenen Planetentheorien erst aufmerksam, als bessere und genauere Instrumente zur Beobachtung der Gestirne gebaut wurden, was schon lange vor der Erfindung des Fernrohrs der Fall gewesen ist.

Immerhin war die mangelnde Genauigkeit der ptolemäischen Planetentafeln noch kein hinreichender Grund, die ganze Theorie zu verwerfen. Die *Araber*, deren Kultur gegen Ende des ersten Jahrtausends n. Chr. in hoher Blüte stand, und die sich auch um

---

[1] Alles Wissenswerte hierüber findet der Leser gemeinverständlich dargestellt in „Das Uhrwerk des Himmels" von *K. Stumpff*; Franckh'sche Verlagshandlung, Stuttgart 1952 (3. Auflage).

die Astronomie sehr verdient gemacht haben, versuchten mehrfach, die von *Ptolemäus* angegebenen Zahlenwerte seiner Planetentheorie zu verbessern; weitere Steigerung der Genauigkeit brachten die „Alfonsinischen Tafeln", die Alfons X., König von Kastilien (1223—1284), ein eifriger Förderer der Astronomie, berechnen ließ.

Im 15. Jahrhundert gaben *Georg Purbach* und sein Schüler *Johann Müller* (nach seiner Vaterstadt Königsberg in Franken auch *Regiomontanus* genannt) einen Nachtrag zum Almagest, die sogenannte „Epitome", heraus, in dem versucht wurde, das geozentrische Weltbild von der theoretischen Seite her zu verbessern.

Vom Standpunkt der beschreibenden Naturwissenschaft aus ist es an sich ziemlich gleichgültig, ob wir die Erde oder irgendeinen anderen Punkt des Weltalls (z. B. wie bei *Aristarch* und später bei *Kopernikus* die Sonne) als das ruhende Zentrum ansehen. Der größte Nachteil des geozentrischen Weltbildes war aber die Notwendigkeit, für die Bewegungstheorie der sieben Wandelsterne sieben verschiedene Mechanismen zu erfinden, die untereinander zwar gewisse grundsätzliche Analogien aufwiesen, aber keine sichtbaren Zusammenhänge erkennen ließen. Am einfachsten ließ sich die Bewegung der *Sonne* beschreiben, die mit schwach veränderlicher Geschwindigkeit auf einem festen Kreis der Himmelskugel, der „Ekliptik", die zwölf Sternbilder des Tierkreises in einem Jahre durchwandert. Schon *Hipparch*, der dreihundert Jahre vor *Ptolemäus* lebende größte Astronom des griechischen Altertums, erklärte die veränderliche Geschwindigkeit der Sonnenbewegung und die daraus folgende verschiedene Länge der vier Jahreszeiten dadurch, daß er die Erde nicht in den Mittelpunkt

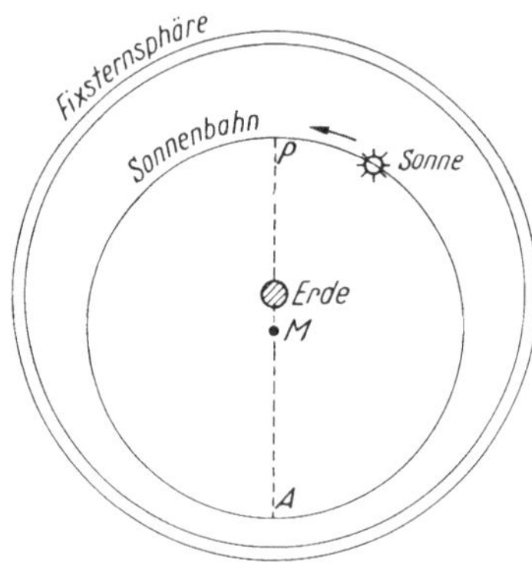

Abb. 2. Bewegung der Sonne nach *Hipparch*: Die Erde ruht im Mittelpunkt der sich drehenden Fixsternsphäre. Die Sonne bewegt sich mit gleichförmiger Geschwindigkeit auf einem Kreise, dessen Mittelpunkt M außerhalb der Erde liegt. Die Sonne *scheint* sich also in der Erdnähe P (Perigäum) schneller zu bewegen als in der Erdferne A (Apogäum).

der Sonnenbahn, sondern ein wenig außerhalb dieses Punktes
setzte (Abb. 2). *Ptolemäus* übernahm diese einfache Theorie un-
geändert, und auch in seinen mechanischen Erklärungen der
komplizierteren Bewegungen des Mondes und der Planeten spielt
der „exzentrische Kreis" eine bedeutsame Rolle.

*

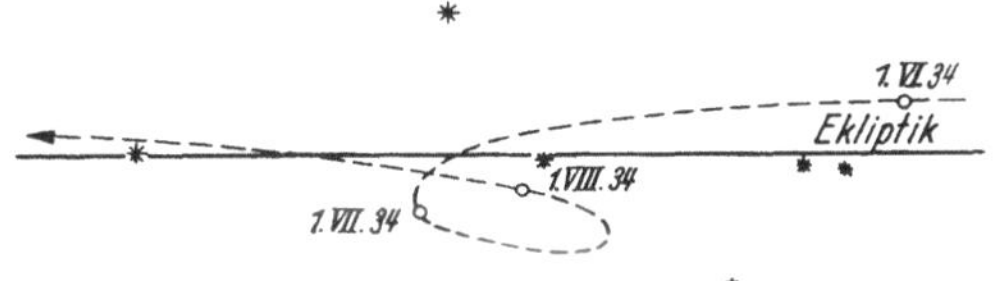

Abb. 3a. Schleifenförmige Bahn eines Planeten (Merkur) im Sommer 1934
durch das Sternbild der Zwillinge.

Daneben benutzte *Ptolemäus* noch ein weiteres Hilfsmittel: die
zusammengesetzte Kreisbewegung. Die Planeten führen auf ihren
Bahnen durch die Tierkreiszone des
Himmels merkwürdige Schleifenbewe-
gungen aus, indem sie (s. Abb. 3a) ihren
im allgemeinen von Westen nach Osten
gerichteten Lauf von Zeit zu Zeit unter-
brechen, um ein Stück rückwärts zu wan-
dern. *Ptolemäus* erklärt diese Erscheinung
durch eine doppelte Kreisbewegung,
wie sie schematisch in Abb. 3b dargestellt wird. Zwecks besserer Anpassung
der Theorie an die Beobachtungen wird
dieses einfache Schema weiter variiert:
Die Ebene des „Epizykels" erhält eine
kleine Neigung gegen die des „Deferenten"; die Erde steht nicht im Mittelpunkt
des Deferenten, sondern ein wenig exzentrisch; schließlich erfolgt die Bewegung des Punktes D auf dem großen

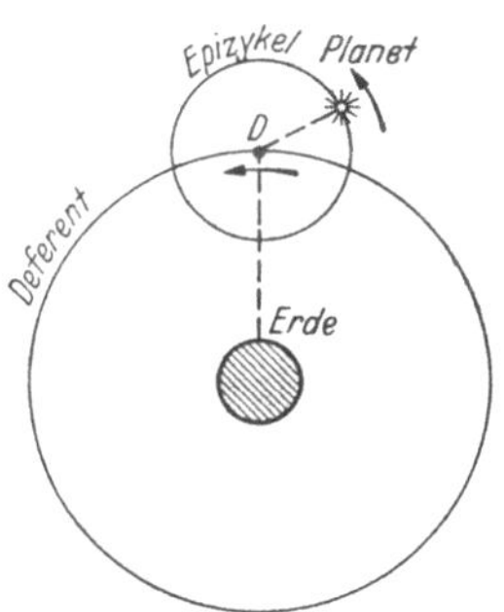

Abb. 3b. Erklärung dieser
Schleifenbewegung durch
die Epizykeltheorie des
Ptolemäus. Der Planet bewegt sich auf einer Kreisbahn (Epizykel) um einen
Punkt D, dieser wieder auf
einer Kreisbahn (Deferent)
um die Erde.

Kreise nicht gleichförmig, sondern wird von einem ebenfalls exzentrisch zu diesem Kreise liegenden Punkte aus durch einen sich
gleichförmig drehenden „Leitstrahl" gesteuert.

Noch komplizierter ist die Theorie der Bewegung des Mondes
um die Erde. *Ptolemäus* versuchte auch sie zu meistern, und es

gelang ihm, wenigstens die größten und auffälligsten Ungleichförmigkeiten im Laufe dieses Himmelskörpers durch einen eigenartigen und verwickelten Mechanismus zu erklären. Obwohl aber in
diesem Weltsystem die Bewegung jedes der sieben Wandelsterne ihre
eigene Theorie erfordert, so sind doch zwei Grundsätze allen diesen
Theorien gemeinsam: die Erde bleibt der ruhende Mittelpunkt
des Weltalls, und alle noch so komplizierten Erscheinungen lassen
sich auf gleichmäßige Bewegungen auf Kreisen zurückführen.

Das heliozentrische[1] *Weltbild. Nikolaus Kopernikus* (1473—1543)
griff den fast vergessenen Gedanken des *Aristarch von Samos*
wieder auf, nach dem der Mittelpunkt der Welt von der *Sonne* eingenommen wird, und die Erde als Planet unter Planeten um diesen
Mittelpunkt kreist. Zwei Gründe bestärkten *Kopernikus* in der
Überzeugung von der Richtigkeit dieses heliozentrischen Weltbildes: Erstens erhielt der nach der geozentrischen Lehre so verwickelte Bau des Weltalls nunmehr eine einfache, übersichtliche
und sinnvolle Gestalt, ohne daß dadurch die Genauigkeit der
Übereinstimmung zwischen Theorie und Wirklichkeit geringer
wurde. Zweitens lieferte die neue Theorie ein maßstäblich richtiges
Bild von den Größen- und Abstandsverhältnissen im ganzen
Planetensystem. Im geozentrischen Weltsystem des *Ptolemäus* war
das durchaus nicht der Fall gewesen. Zwar war es den Alten gelungen, die Größe der Erde richtig abzuschätzen, und auch die
Entfernung des Mondes kannten sie schon recht genau. Aber bereits von Abstand und Größe der Sonne — wir werden darüber
im siebenten Kapitel Genaueres erfahren — hatten sie ganz falsche
Vorstellungen, und von den Entfernungen der Planeten wußten
sie gar nichts. Zwar brachten sie die Planetenabstände in eine bestimmte Reihenfolge, indem sie sehr hypothetische Zusammenhänge zwischen Abstand und Umlaufzeit vermuteten, aber eine
Möglichkeit, die Abstände zu *messen*, besaßen sie nicht. Das heliozentrische System aber erlaubte, einen maßstabgerechten Plan des
ganzen Planetensystems zu entwerfen. Die von den Planeten beschriebenen Schleifen waren ja in dieser Theorie optische Effekte,
die dadurch zustandekamen, daß die einfachen Kreisbewegungen
der Planeten um die Sonne von der sich ebenfalls um die Sonne

---

[1] Heliozentrisch = Sonne (grch. helios) im Mittelpunkt.

bewegenden Erde aus betrachtet wurden. Allein auf Grund dieser geometrisch-optischen Zusammenhänge ließen sich die Abstands*verhältnisse* der Planeten von der Sonne zuverlässig berechnen, und die wirklichen Entfernungen wären mit einem Schlage alle bekannt, wenn nur eine (etwa die der Erde von der Sonne) durch Messung hätte ermittelt werden können. Das allerdings ist erst lange nach *Kopernikus* gelungen (vgl. Kap. VII).

Bedenken gegen die kopernikanische Theorie. Die Lehre von der Planetennatur der Erde, die von dem seiner Zeit weit vorauseilenden Geiste des *Aristarch* vorgeahnt und von *Kopernikus* erneut in das Blickfeld der Wissenschaft geworfen wurde, brauchte trotz der überzeugenden Begründung, die ihr *Kopernikus* in seinem (erst nach dem Tode erschienenen) Werk mitgegeben hatte, noch lange Zeit, um sich allgemein durchzusetzen. Die Widerstände gegen die heliozentrische Lehre kamen teils vom kirchlichen Dogmatismus her (sowohl von katholischer wie auch von protestantischer Seite), teils aus der Wissenschaft selbst. Was die letztere anbelangt, so waren die von ihr ins Feld geführten Gegengründe nicht immer auf das starre Festhalten an überlieferten Lehren zurückzuführen, sondern stammten teilweise aus den Ergebnissen einer sorgfältigen und berechtigten wissenschaftlichen Kritik.

In diesem Zusammenhang müssen wir kurz auf die Gründe eingehen, die einen der bedeutendsten Astronomen des 16. Jahrhunderts, den Dänen *Tycho de Brahe* (1546—1601), zur Ablehnung des Kopernikanischen Weltsystems führten. *Tycho*, den wir als den Begründer der modernen astronomischen Beobachtungskunst bezeichnen müssen, errichtete auf der Insel Hveen im Sund die größte und beste Sternwarte seiner Zeit und beobachtete dort in zwanzigjähriger mühevolller Arbeit die Örter der Fixsterne, der Sonne, des Mondes und der Planeten mit einer Genauigkeit, die vor der (erst einige Jahre nach seinem Tode erfolgten) Erfindung des Fernrohrs kaum noch übertroffen werden konnte. *Tycho*, der drei Jahre nach des *Kopernikus* Tode geboren wurde, kannte natürlich dessen neue Theorie und setzte sich mit der ihm eigenen wissenschaftlichen Gründlichkeit mit ihr auseinander. Sein Haupteinwand gegen sie war aber der folgende: Wenn die Erde ein Planet ist, also sich auf einer Bahn von ungeheuerem Ausmaß um den von der Sonne eingenommenen Mittelpunkt der Welt bewegt, so muß diese Bewegung notwendig eine Veränderung im Anblick der an die Himmelskugel angehefteten Fixsterne zur Folge haben. Im Laufe ihrer jährlichen Bewegung um die Sonne wird ja die Erde bald irgendeiner Stelle der Himmelskugel näherrücken, bald sich weiter von ihr entfernen. Die Richtung, in der wir die Sterne sehen, muß sich daher notwendig ändern. Die Sterne, denen sich die Erde auf ihrer Bahn nähert, müssen aus perspektivischen Gründen auseinanderstreben, die, von denen sie sich entfernt, aber zusammenrücken (Abb. 4). *Tycho* suchte nun diese perspektivische Verschiebung der Fixsterne durch seine Beobachtungen nachzuweisen. Ihm, dem genauesten Beobachter seiner Zeit, gelang dieser Nachweis nicht — die Sterne standen unverrückbar fest, daher, so schloß er, müßte auch die Erde, der Standpunkt des Beobachters, feststehen.

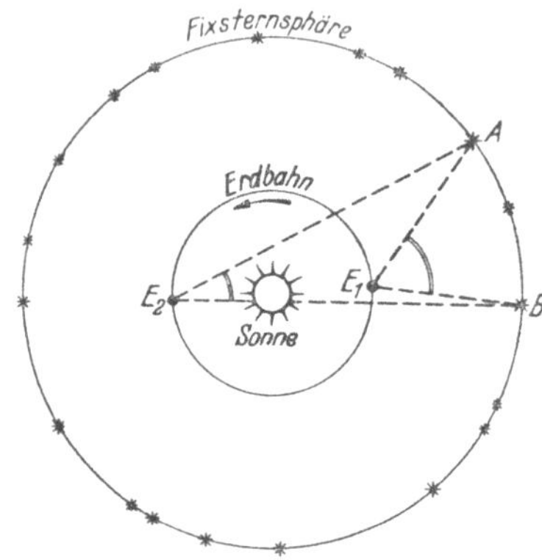

Abb. 4. Einwand des *Tycho de Brahe* gegen die kopernikanische Lehre: Wenn sich die Erde um die im Mittelpunkt der Welt ruhende Sonne bewegen würde, so müßte, von zwei verschiedenen Punkten der Erdbahn aus betrachtet, der Winkelabstand zweier Sterne (A und B) verschieden sein. Von E_1 aus gesehen, scheinen die beiden Sterne weiter auseinanderzuliegen als von E_2 aus.

Tycho de Brahe, dem die übrigen Vorteile des kopernikanischen Weltbildes einleuchteten, gelangte so zu einer Kompromißlösung: Die rotierende Erde steht im Mittelpunkt der festen Fixsternsphäre. Um sie kreist der Mond auf einer engen, die Sonne auf einer weiten Bahn. Die Planeten aber kreisen nicht um die Erde, sondern um die Sonne als Zentrum.

Die Keplerschen Gesetze. Dieses „Tychonische Weltsystem" hat keine lange Lebensdauer gehabt. *Tychos* genialer Schüler *Johannes Kepler*, der eine außergewöhnliche mathematische Begabung hatte, war von der Richtigkeit der kopernikanischen Lehre tief überzeugt. Es gelang ihm schon bald nach *Tychos* Tode, das hervorragende Beobachtungsmaterial, das ihm dieser schon zu seinen

Lebzeiten zur Bearbeitung übertragen hatte, nach neuen Gesichtspunkten erfolgreich auszuwerten. *Kepler* ließ zum erstenmal die aus der Antike übernommene und auch von *Kopernikus* und *Tycho* noch benutzte Anschauung fallen, daß alle Himmelsbewegungen auf *gleichförmige Kreisbewegungen* zurückgeführt werden müßten. Zu einer derartigen Annahme lag in der Tat kein zwingender Grund vor, die Alten rechtfertigten sie lediglich mit der Ehrfurcht vor einem überirdischen Geschehen, dessen Ablauf sie sich nicht anders vorstellen mochten als in erhabener Einfachheit und vollendeter Harmonie.

Kepler verzichtete also auf dieses Vorurteil und stellte sich nunmehr die folgende Aufgabe: In was für Bahnen bewegen sich die Planeten um die Sonne gemäß der heliozentrischen Grundvorstellung des *Kopernikus*, und wie geschieht der zeitliche Ablauf der Geschwindigkeiten der Planeten in diesen Bahnen? Diese rein geometrische Fragestellung führte *Kepler* zu dem Ergebnis, daß die Planeten sich in *Ellipsen* um die Sonne bewegen, die in einem der beiden Brennpunkte steht, und daß die Geschwindigkeit in dieser Bahn durch ein einfaches Gesetz geregelt wird. (Die Verbindungslinie Sonne—Planet überstreicht in gleichen Zeiten gleich große Flächen; die Bahngeschwindigkeit ist also um so größer, je näher der Planet auf seiner Bahn der Sonne kommt).

Die Erfindung des Fernrohrs. Gleichzeitig mit der Entdeckung der *Kepler*schen Gesetze der Planetenbewegung erfolgte (1610) die Erfindung des *Fernrohrs*, mit dem der italienische Forscher *Galilei* bald eine Reihe von aufsehenerregenden astronomischen Beobachtungen machte. Er bemerkte, daß der Mond von Gebirgen bedeckt ist und sich damit als ein Weltkörper von erdähnlicher Beschaffenheit erweist. Er entdeckte die Kugelgestalt der Planeten und beobachtete, daß der Planet Jupiter von vier großen Monden begleitet wird (Abb. 5), die ihn ständig umkreisen, er entdeckte die Sonnenflecken und leitete aus deren Bewegung die Drehung der Sonne um ihre Achse ab.

Alle diese neuen Erkenntnisse zeigten unmittelbar und eindringlich, daß die Himmelskörper Kugelgestalt haben, sich um ihre Achsen drehen, und daß kleinere Körper kreisartige Bahnen um größere zu beschreiben imstande sind. Der Gedanke, daß die Erde gemeinsam mit den Planeten um die Sonne kreist, verlor nun viel von seiner Unwahrscheinlichkeit und Unvorstellbarkeit, da der Augenschein eindringlich lehrte, daß Planeten und Monde der Erde ähnlich gestaltet und gebaut sind. Die Erde hat vor ihnen nichts Besonderes voraus, sie ist ein Himmelskörper wie sie, eine sich drehende Kugel, die von einem Monde umkreist wird, ein einzelnes Glied einer ganzen Planetenfamilie, die um die Sonne wandert.

Der Einwand des *Tycho de Brahe* gegen die Bewegung der Erde verlor angesichts so schwerwiegender Gründe, die für sie sprachen, an Gewicht und wurde zunächst – ohne indes vergessen zu werden – beiseite geschoben. Dennoch gingen die Kämpfe um die Anerkennung des heliozentrischen Systems noch durch das ganze 17. Jahrhundert weiter. Das Buch, in dem *Kopernikus* seine Lehre beschrieb, wurde sogar erst 1758, also mehr als 200 Jahre nach dem Tode seines Verfassers, aus dem „Index der verbotenen Bücher" der katholischen Kirche gestrichen.

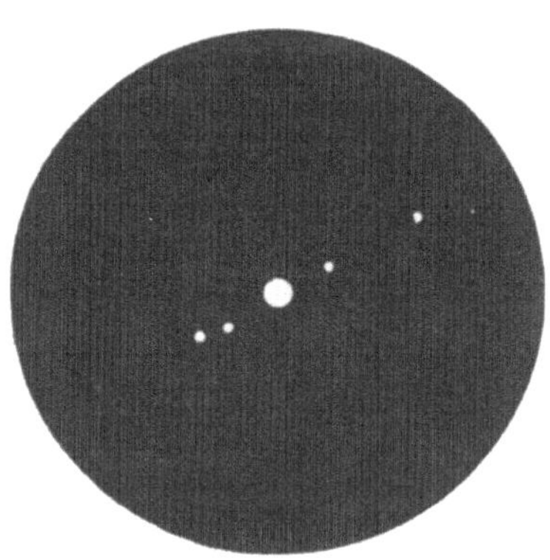

Abb. 5. Jupiter in einem kleinen Fernrohr. Die vier Monde stehen in einer Reihe. Jupiter hat noch weitere acht Monde, sie sind aber nur in großen Fernrohren zu sehen.

Die Begründer der modernen Mechanik. Die weitere Entwicklung des durch *Kopernikus und Kepler* begründeten Weltbildes vollzog sich nun auf zwei verschiedenen Wegen. Der erste Weg nahm seinen Ausgang von der durch *Galilei* geschaffenen neuen *Mechanik.* Durch Experimente und messende Beobachtung erforschte *Galilei* die Gesetze des freien Falls und der Pendelbewegung. Seine wichtigste und folgenreichste Entdeckung aber war die der Trägheit der Masse, die später folgendermaßen formuliert wurde: Ein Körper, der sich geradlinig und mit gleichbleibender Geschwindigkeit bewegt, verharrt in diesem Bewegungszustand so lange, bis eine von außen einwirkende Kraft ihn ändert.

Die Anregungen *Galileis* fielen auf fruchtbaren Boden. Nicht nur die Physiker, sondern auch die Mathematiker nahmen sich der hier auftauchenden Fragen an, deren wachsende Schwierigkeit sie nicht abschreckte, sondern zu immer größeren Anstrengungen und zur Schaffung neuer und gewaltiger Hilfsmittel anspornte. Um die Wende des 18. Jahrhunderts erfanden *Leibniz* und *Newton* die „Infinitesimalrechnung", durch die es möglich wurde, mechanisch-physikalische Probleme mathematisch anzugreifen und mit einer bis dahin nicht gekannten Vollständigkeit zu lösen.

Einem von ihnen, dem Engländer *Isaak Newton*, der zu den größten Forschern aller Zeiten zählt, gelang es schließlich, durch die Entdeckung des *Gravitationsgesetzes* den Schlußstein in das heliozentrische Weltgebäude einzubauen: er fand, daß die Kraft, durch die Planeten und Monde an ihre Zentralkörper gebunden sind, die gleiche ist, die den Stein zur Erde fallen läßt, die *Schwerkraft*.

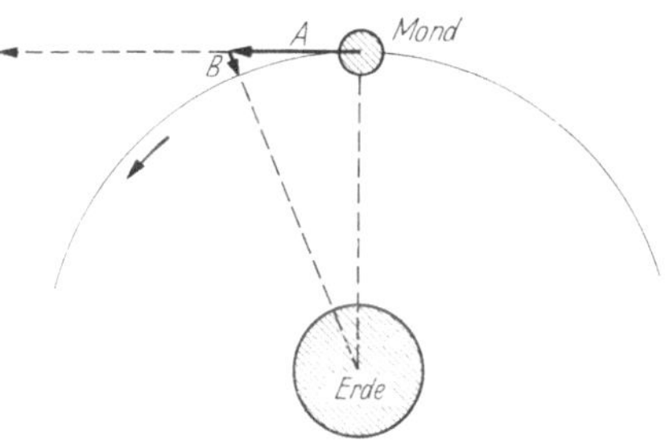

Abb. 6. Die kreisartige Mondbewegung um die Erde kommt zustande durch das Zusammenwirken von Trägheit und Anziehungskraft (Schwerkraft). In dem im Bilde fest gehaltenen Augenblick bewegt sich der Mond in der durch den Pfeil *A* gekennzeichneten Richtung. Er würde in der gleichen Richtung infolge des Trägheitsgesetzes weiterfliegen, wenn er nicht gleichzeitig infolge der Schwerkraft (Pfeil *B*) auf die Erde fallen würde.

Der Mond z. B., der sich in seiner Bahn durch den Weltenraum mit einer bestimmten Geschwindigkeit bewegt, würde infolge der von *Galilei* entdeckten Trägheit der Massen auf einer geradlinigen Bahn enteilen, wenn die von der Erde aus auf ihn wirkende Schwerkraft ihn nicht ständig daran hinderte, sich von ihr zu entfernen (Abb. 6). *Newton* zeigte, daß sich durch das Zusammenspiel von Trägheit und Anziehungskraft tatsächlich die Bewegungsform der Himmelskörper ergeben muß, die *Kepler* gefunden und in seinen Gesetzen festgelegt hatte. Ja, das Gravitationsgesetz leistete noch mehr: es zeigte, daß nicht nur der Mond von der Erde und die Erde nebst den anderen Planeten von der Sonne angezogen werden, sondern daß überhaupt allgemein zwischen zwei beliebigen Körpern Anziehungskräfte wirksam sind, die von ihren Massen abhängig sind, aber bei wachsender Entfernung nach bestimmten Regeln abnehmen. Somit bewegen sich Planeten und Monde nicht *genau* in Keplerschen Bahnen um ihre Zentralkörper, sondern diese Bewegung wird durch die Anziehung der übrigen Himmelskörper gestört.

Durch die Berücksichtigung dieser störenden Kräfte gestaltete sich die Berechnung der Planetenbahnen sehr langwierig und schwierig; dafür aber war es nun möglich, alle Himmelsbewegungen so genau darzustellen, daß die Übereinstimmung zwischen Rechnung und Beobachtung auch dann gewahrt blieb, als die astronomischen Fernrohre und Meßinstrumente so weit entwickelt worden waren, daß auch die geringste Abweichung von der Theorie hätte bemerkt werden müssen. Ihren größten Triumph erlebte die Newtonsche Theorie, als der 1781 von *Herschel* entdeckte neue Planet *Uranus* im Laufe der Jahre von seiner Bahn in einer Weise abwich, die mit dem Gravitationsgesetz in Widerspruch stand. Der französische Astronom *Leverrier* nahm zur Erklärung dieser Widersprüche an, daß ein unbekannter Planet der Urheber der Störungen sei und bestimmte sogar den Ort, an dem sich dieser Planet befinden müßte. Tatsächlich wurde 1846 in der Nähe des von *Leverrier* angegebenen Ortes ein neuer Körper gefunden: der Planet *Neptun*.

Die Fixsternsphäre fällt. Nachdem die Bewegungserscheinungen im Sonnensystem eine befriedigende mechanische Deutung erfahren hatten, war auch der letzte Zweifel an der Planetennatur der Erde beseitigt worden. Ein einziger Einwand aber blieb bis tief in das 19. Jahrhundert hinein bestehen und machte den Astronomen viel Kopfzerbrechen: Die schon von *Tycho de Brahe* vermißte perspektivische Verschiebung der Fixsterne infolge der Erdbewegung war immer noch nicht gefunden, obwohl inzwischen die Beobachtungsgenauigkeit des großen *Tycho* dank des Fernrohrs um das 200fache überboten worden war. Die Beseitigung dieser letzten Schwierigkeit lag auf dem zweiten der oben genannten Entwicklungswege, die von *Kopernikus* ausgehend zum modernen Weltbild geführt haben.

Eine Säule des von *Kopernikus* umgewandelten Weltgebäudes der Antike stand nämlich noch: das „primum mobile", die Fixsternsphäre. Sie war zwar ihrer Bewegung entkleidet, aber immer noch schloß sie die Welt in der Vorstellung nach außen hin ab und barg in sich und hinter sich eine Fülle ungelöster Rätsel. Ein Zeitgenosse *Tychos* und *Keplers*, der italienische Dominikanermönch *Giordano Bruno*, fand weniger durch Forschung als auf Grund einer durch dichterische Phantasie beflügelten genialen Einsicht die richtige Lösung: Die Fixsternsphäre ist eine Gedankenkonstruktion, sie existiert nicht wirklich. Also ist auch die Sonne nicht der „Mittelpunkt" der Welt. So wie die Erde ein Planet unter vielen anderen ist, so ist die Sonne eine Sonne unter vielen. Die anderen Sonnen aber sind die Sterne, mit denen der *unendliche* Raum angefüllt ist, und die nur deshalb so schwaches Licht verbreiten, weil ihre Entfernung von uns so überaus groß ist.

Giordano Bruno ist 1600 in Florenz auf dem Scheiterhaufen verbrannt worden — bei seiner Verurteilung spielten allerdings die revolutionären Ansichten über das Weltgebäude wohl nur eine untergeordnete Rolle. Die neue Auffassung, daß die Fixsterne ferne Sonnen seien, setzte sich etwa in der gleichen Zeit durch wie die heliozentrische Theorie des Sonnensystems. Am Ende des 18. Jahrhunderts machte *Friedrich Wilhelm Herschel*, der mit seinen großen Spiegelteleskopen den Fixsternhimmel durchforschte, den Versuch, Ausdehnung und Form des Systems der Fixsterne abzuschätzen. Mangels anderer Anhaltspunkte nahm er dabei zunächst an, daß in dem von Fixsternen erfüllten Teile des Raumes die Sterne durchschnittlich überall gleichmäßig dicht verteilt sind. Durch Abzählung aller Sterne, die an verschiedenen, gleichförmig über den Himmel verteilten Stellen im Gesichtsfeld seines stärksten Spiegelfernrohrs erschienen, gewann er auf Grund dieser Annahme ein relatives Maß für die Tiefe, bis zu der sich in diesen „Auswahlfeldern" des Himmels das Sternsystem in den Raum hinein erstreckt. Er gelangte durch diese Abschätzung zu der wichtigen Erkenntnis, daß die Fixsterne in einem linsenförmigen Raum von gewaltiger Ausdehnung angeordnet sind, und daß die Ränder dieser Weltlinse durch die aus einer Ansammlung von sehr weit entfernten Sternen bestehende *Milchstraße* gebildet werden. Er nahm ferner an, daß unsere Sonne sich in der Nähe des Mittelpunktes dieses „Milchstraßensystems" befindet, während die Astronomen heute zu der Überzeugung gelangt sind, daß die Sonne vom Milchstraßenzentrum sehr weit entfernt ist.

Über die wirkliche Größe und Ausdehnung des Systems der Fixsterne konnte Herschel allerdings noch keine genauen Aussagen machen. Seine Fernrohre reichten zwar schon sehr weit, aber noch keineswegs bis zu jenen schwachen Sternen, die mit den größten Teleskopen der Gegenwart erfaßt werden. Außerdem hatte er von der wahren Entfernung auch der nächsten und hellsten Fixsterne nur eine sehr ungenaue Vorstellung. Wenn man annimmt, daß die Leuchtkraft der Sterne ungefähr der Leuchtkraft der Sonne entspricht (eine Annahme, die für den einzelnen Stern sicher nicht richtig ist, und die man höchstens für den

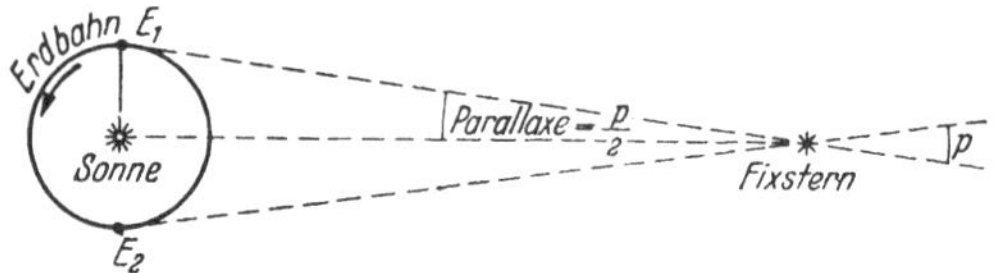

Abb. 7. Fixsternparallaxe. Betrachtet man einen Fixstern von den beiden gegenüberliegenden Punkten E_1 und E_2 der Erdbahn aus, so ist der Winkel p, der Unterschied zwischen den beiden Visierrichtungen, um so kleiner, je weiter der Stern entfernt ist. Die Hälfte dieses Winkels ist gleich dem Gesichtswinkel, unter dem vom Stern aus der Halbmesser der Erdbahn erscheinen würde, und wird „Parallaxe" genannt.

Durchschnitt gewisser Sterntypen gelten lassen kann), so gelangt man zu der Erkenntnis, daß die Abstände selbst der nächsten Sterne außerordentlich groß im Vergleich mit der Ausdehnung des Planetensystems sein müssen.

Erst 15 Jahre nach *Herschels* Tode gelang es (1837) dem Königsberger Astronomen *Friedrich Wilhelm Bessel* mit einem neuartigen Meßinstrument von großer Schärfe, dem *Heliometer*, die so lange vermißte perspektivische Verschiebung (oder, wie man sie inzwischen bezeichnet hat, die „*Parallaxe*") eines Fixsterns einwandfrei zu messen (Abb. 7), nachdem man sich jahrzehntelang eifrig, aber vergeblich darum bemüht hatte. Die früheren Versuche waren, wie man jetzt weiß, hauptsächlich daran gescheitert, daß man sie an den hellsten Sternen des Himmels anstellte, die aber keineswegs auch die nächsten zu sein brauchen. Inzwischen hatte man eine weitere Entdeckung gemacht: die nämlich, daß die Fixsterne nicht feststehen, sondern sich, wenn auch ihrer großen Entfernung wegen fast unmerklich, im Raume bewegen. *Bessel* suchte nun auf Grund dieser Erkenntnis die nächsten, also für die Parallaxenbestimmung geeignetsten Sterne nicht so sehr unter den hellsten, als unter denen mit der größten Eigenbewegung. Unter diesen aber fiel besonders ein schwacher Stern (Nr. 61 im Sternbild des Schwans) auf. An ihm stellte *Bessel* eine jährliche Schwankung bis zu $^1/_3$ Bogensekunde beiderseits der Mittellage fest, das ist ungefähr der 5400. Teil des Winkels, unter dem uns der Durchmesser des Vollmondes erscheint. Hieraus ließ sich die Entfernung jenes Sterns zu mehr als 100 Billionen km bestimmen — das Licht, das sich von ihm mit der ungeheuren Geschwindigkeit von 300000 km in der Sekunde ausbreitet, erreicht die Erde erst in etwa 11 Jahren.

Durch die Messung der ersten Fixsternparallaxe wurde nicht nur der letzte noch fehlende Beweis für die Bewegung der Erde um die Sonne nachgeholt, sondern eine neue Ära der astronomischen Forschung erfolgreich eingeleitet: Die Eingliederung des Sonnensystems und damit auch der Erde in ein umfassendes Gesamtbild des Kosmos. Diese Ära ist noch lange nicht abgeschlossen, ihre Aufgabe umfaßt nicht nur die Ermittlung der Größe und Form des Sternsystems, der Bewegungserscheinungen in ihm, der Verteilung der Sterne nach Helligkeit und Entfernung, sondern auch das Studium ihrer physikalischen Eigenschaften, z. B. ihrer Temperatur, Masse, Dichte, stofflichen Zusammensetzung und schließlich auch ihrer Entwicklung, d. h. ihres zeitlichen Werdens und Vergehens.

Weltanschauliche Folgerungen. Astronomie und Astrologie. Diese neue Entwicklungsstufe der astronomischen Wissenschaft hat mit einer ungeheuren Erweiterung des Welthorizonts die Stellung von Erde und Mensch im Gefüge des Weltalls grundlegend geändert. Die dichterische Vision eines unendlichen von Sternen erfüllten Raumes, der *Giordano Bruno* Gestalt verlieh, rückte um die Mitte des 18. Jahrhunderts in den nüchternen Bereich wissenschaftlicher Hypothesen. Immanuel *Kant*, der große Königsberger Philosoph, schrieb schon als junger Mann (1755) ein Buch über die „Allgemeine Naturgeschichte des Himmels", in dem er Vorstellungen über Größe, Struktur und Entstehung des Weltgebäudes entwickelte, die in wesentlichen Zügen noch heute gültig geblieben sind. Das Bild von dem linsenförmig gestalteten

Sternsystem der Milchstraße, das später *Herschel* durch seine Sternzählungen wissenschaftlich begründete, war ihm bereits vertraut.
In den zahlreichen Spiralnebeln des Himmels, die zu seiner Zeit
mit verbesserten Fernrohren fortlaufend entdeckt wurden, sah er
andere, weit entfernte Milchstraßensysteme, die nach seiner Meinung den unendlichen Ozean des Raumes als Welteninseln bevölkern. Aber erst seit Beginn der zwanziger Jahre unseres Jahrhunderts wissen wir mit Sicherheit, daß dieses von *Kant* vorgeahnte
grandiose Weltbild in seinen Grundzügen richtig ist: Bis zu jener
Tiefe des Raumes, in die die größten Teleskope der Gegenwart
vorzudringen vermögen, gibt es einige hundert Millionen Spiralnebel; jeder von ihnen ist ein Sternsystem von der Rangordnung
unserer Milchstraße mit schätzungsweise hundert Milliarden Einzelsternen; jeder Einzelstern ist eine Sonne, und wir dürfen vermuten, daß wenigstens ein kleiner Teil dieses Sonnenheeres wie
unsere Sonne mit einem Planetengefolge gesegnet ist.

Es genügt, dieses moderne Weltbild dem geozentrischen der
Antike gegenüberzustellen, um zu erkennen, wie wenig von der
einstigen Vormachtstellung der Erde und damit auch des Menschen übrig geblieben ist. Im antiken Weltbild war die Erde überhaupt kein Himmelskörper, sondern der Weltenmittelpunkt
schlechthin, und dem Menschen als Beherrscher dieses „Reiches
der Mitte" war eine Stellung von einzigartiger und alles überragender Bedeutung eingeräumt. Die Antithese Erde—Himmel hatte
in dieser Weltauffassung einen äußerst realen Sinn: irdisch war
alles, was sich „unter dem Monde" befand, die feste Erde selbst,
das Meer, der Luftraum mit seinen Wettern und Winden und alle
lebenden Geschöpfe. Alles in diesem Bereich war der Unsicherheit, dem Tode, dem Spiel des Zufalls, der Macht des Schicksals,
den Launen opferheischender Götter unterworfen. Himmlisch
aber war der freie Raum „über dem Monde", in dem die Planeten ihre regelmäßigen, nach ewigen und unerschütterlichen
Gesetzen aus gleichförmigen Kreisbewegungen zusammengesetzten Bahnen zogen; himmlisch war die unablässig in unmeßbarer Ferne kreisende Sternenkugel, die alles dies umschloß, und
hinter der, dem sterblichen Auge verborgen, ein lichterfülltes,
von ewigen Göttern und seligen Geistern bevölkertes Jenseits
begann.

Wesentlich an dieser geozentrischen und damit auch anthropo-
zentrischen[1] Konstruktion ist, wie immer wieder betont werden
muß, daß der Mensch trotz seiner Vergänglichkeit, seiner Schwäche
und seinem Ausgeliefertsein an überirdische Mächte das wichtigste
Wesen ist, von Gott geschaffen, damit es „die Erde fülle und sich
untertan mache". Es ist nur folgerichtig, wenn der Mensch sich
in dieser Welt nicht nur räumlich, sondern auch geistig-sittlich als
Mittelpunkt fühlt, daß er glaubt, die ganze Welt drehe sich um ihn
allein, und ihre ganze geheimnisreiche und rätselvolle Maschinerie
sei nur um seinetwillen da. Alle Bemühungen der antiken Wissenschaft, die Hintergründe der himmlischen Mechanik zu durchleuchten und die Gesetze zu erforschen, nach denen Sonne, Mond,
Planeten und Sterne sich bewegen, finden wir daher notwendiger-
weise mit den Versuchen gekoppelt, die vielgestaltigen Himmelserscheinungen in ihrer Beziehung auf den Menschen zu deuten.
So sehen wir im Altertum und bis ins späte Mittelalter hinein die
Astronomie als Wissenschaft eng verbunden mit der *Astrologie*, der
Sterndeutung, als Weltanschauung. Es ist schwer sich vorzustellen,
daß die Weisen jener Zeit bei dem unablässigen Suchen nach dem
Sinn der himmlischen Bewegungen zu einem anderen Ergebnis gelangt sein könnten, als zu der Überzeugung, in den Gestirnen das
sichtbare Bindeglied zwischen dem Ratschluß der Götter und dem
Schicksal der Menschen und Völker gefunden zu haben. Diese
fast denknotwendige Folgerung aus den Grundsätzen der geozentrischen Weltordnung fand nicht nur begeisterte Zustimmung
bei den Massen, die hier eine Möglichkeit sahen, sich über ihr
eigenes dunkles Schicksal zu unterrichten oder durch Befragung
der Sterne ihre Unsicherheit bei wichtigen Entscheidungen zu
überwinden, sie wurde auch von den herrschenden Klassen, insbesondere von der Priesterschaft, als einzigartiges Mittel zur Len-
kung der Massen begrüßt, zu ihrer Besänftigung oder zu ihrer Auf-
wiegelung, je nachdem es die Umstände erforderten. Die Weisen,
die den Lauf der Sterne vorauszuberechnen und ihre vergangenen,
gegenwärtigen und zukünftigen Konstellationen nach gewissen
Spielregeln zu deuten verstanden, gewannen dadurch eine Autori-
tät über Könige und Völker, die um so schwerer zu erschüttern

---

[1] Grch. anthropos = Mensch.

war, als sie anonym blieb, und die Persönlichkeit des Sterndeuters lediglich als ein Sprachrohr überirdischer Gewalten hervortrat.

Der Umsturz der geozentrischen Weltordnung durch Kopernikus, der die Erde ihrer zentralen Stellung innerhalb der Fixsternsphäre entkleidete und die Sonne an ihre Stelle setzte, versetzte der Astrologie den ersten schweren Schlag. Aber erst die Vollendung des modernen Weltbildes entzog ihr jeden festen Boden. In dieser neuen Ordnung des Kosmos ist die Erde weniger als ein Tropfen im Weltmeer, ein kleiner Trabant eines unbedeutenden Sterns am Rande einer der vielen Millionen von Welteninseln im weiten Ozean des Raumes, ein verlorenes Stäubchen in einer stauberfüllten Welt, und der Mensch nicht mehr das wichtigste Wesen, sondern auf der Oberfläche dieses belanglosen Stäubchens eine belanglose Mikrobe. Erst im letzten Zehntausendstel der seit der Entstehung der Erde verflossenen Zeit (die man heute auf rund drei Milliarden Jahre schätzt) ist der Mensch überhaupt vorhanden, und höchstens gegen Ende des letzten Zehntels dieser kurzen Zeitspanne hat er so etwas wie Kultur entwickelt, kann man von Geschichte und von Schicksal reden.

Wir wollen mit dieser nüchternen Feststellung die trotz alledem sicher vorhandene Bedeutung des geistigen Phänomens „Mensch" nicht herabsetzen, sondern nur klarstellen, daß sie eine andere ist, als die alte Astrologie vermutete. Für die Astrologie (auch wenn die heutigen Vertreter dieser ihres einstigen Ranges als Wissenschaft längst entkleideten Lehre es ableugnen) steht der Mensch immer noch im Mittelpunkt des Weltgeschehens, und die mit menschlichen Symbolen und menschlichen Eigenschaften ausgestatteten Gestirne dienen seinen Zwecken und bestimmen sein Leben und seinen Charakter. In Wirklichkeit ist es gerade umgekehrt: Der Mensch, dieser kurzlebige Bewohner eines winzigen Himmelskörpers, hat im Verlaufe eines großartigen geistigen Entwicklungsprozesses tiefe Einsichten in den Weltenbau gewonnen und die dichten Schleier vor den Geheimnissen seiner Natur hier und da zu lüften gewußt. Die Astrologie hat die Wirkungen, die zwischen Weltall und Erde bestehen, mißverstanden. Wir werden im Verlauf der folgenden Abschnitte dieses Buches einiges von den Wirkungen und Kräften erfahren, die aus dem Weltall zur Erde dringen, und wir werden erkennen, daß sie verhältnismäßig unbedeutend sind und höchstens den Planeten Erde als Ganzes betreffen. Nicht kümmern sich vermenschlichte Gestirne um das Einzelschicksal der menschlichen Bewohner dieses kleinen Planeten, sondern der mit den Fähigkeiten des Geistes begabte Mensch ist es, der sich um die Gestirne kümmert, der ihre Ordnung zu erkennen und ihr Schicksal zu ergründen nicht ohne Erfolg bemüht ist.

Wiedergeburt der Astrologie? Es ist nicht überflüssig, gerade in der heutigen Zeit auf diese Dinge hinzuweisen. Die Astrologie, die noch vor einem halben Jahrhundert zu einer verhältnismäßig unbedeutenden Nebenerscheinung am Rande der Kultur herabgesunken war und von der überwiegenden Mehrheit der gebildeten Menschen als Aberglaube abgelehnt wurde, hat inzwischen und ganz besonders nach dem Ende des zweiten Weltkrieges eine Verbreitung gefunden, die jeden bedenklich stimmen muß, der ernsthaft um die geistige Erziehung des Menschen und um die Vermittlung echten Wissens bemüht ist. Eine der Ursachen dieser neuen Welle abergläubischer Verirrung ist zweifellos das Gefühl der Unsicherheit und der Weltangst, das große Teile der Menschheit ergriffen hat und sie dazu verführt, jenen falschen Propheten zu lauschen, die da vorgeben, auf Grund alter mystischer Rezepte in die Zukunft und in die Abgründe der menschlichen Seele blikken zu können. Eine andere Ursache ist vielleicht auch das überraschende und die große Allgemeinheit beängstigende Tempo, mit dem die Wissenschaft in den letzten Jahrzehnten in bisher unbekannte Tiefen der makrokosmischen und mikrokosmischen Natur vorgestoßen ist und Erkenntnisse gewonnen hat, die von Jahr zu Jahr wachsen und sich wandeln, und denen der Laie nicht zu folgen vermag. Es ist nicht sehr verwunderlich, wenn unter dem Eindruck der sich überstürzenden wissenschaftlichen Entdeckungen und der ständig wechselnden Theorien über Dinge, die an den Grenzen menschlichen Verstehens liegen, ein gewisses Mißtrauen gegen die Wissenschaft wächst, die heute zu leugnen gezwungen ist, was sie gestern noch als sicher angenommen hat, und die morgen vielleicht schon stürzen wird, was sie heute behauptet. Demgegenüber hat die Astrologie es leicht, sich dem „Mann auf der Straße" als Vertreterin „uralter Weisheit" vorzustellen, die unwandelbar wie der Lauf der Gestirne sich über Jahrtausende hinweg zu erhalten gewußt hat.

Hierbei wird nur eines übersehen: daß die Astrologie als „Wissenschaft" in einer Zeit entstanden ist, als es eine Kritik der wissenschaftlichen Erkenntnis noch nicht gegeben hat. Jede echte Wissenschaft ist aufgebaut auf Beobachtung und Erfahrung, und sie verknüpft die Einzelergebnisse der Erfahrung durch Schlüsse, die auf den allgemeingültigen Gesetzen des menschlichen Denkens beruhen. Die Astrologie beruht, obwohl ihre Anhänger dies immer wieder behaupten, weder auf Erfahrung noch auf der sachgemäßen Anwendung logischen Denkens. Die einzige Grundlage, auf der die Sterndeutekunst, wenn nicht als Wissenschaft, so doch als eine Art weltanschaulicher Überzeugung bestehen konnte, ist mit dem Sturz des geozentrischen Weltbildes dahingegangen. Was übrig geblieben ist, ist ein kindliches Spiel mit ausgeklügelten Regeln und Symbolen, die der Mensch willkürlich den Vorgängen am gestirnten Himmel untergelegt hat; sein Wahrheitswert ist nicht größer als der einer Prophezeiung aus dem Kaffeesatz oder aus den Blättern eines Kartenspiels[1].

Im Bilde des Weltganzen ist unsere Erde ein Nichts, ein fast ausdehnungsloser Punkt. Für uns Menschen allerdings ist dieser Planet der wichtigste aller Himmelskörper, unsere Heimat im grenzenlosen All. Was die Wissenschaft über ihn im Laufe der Jahrhunderte an Kenntnissen zusammengetragen hat über seine Gestalt und Größe, seine Bewegung und seinen inneren Aufbau, über seine Beziehungen zur kosmischen Umwelt und die daraus folgenden Bedingungen für das Leben auf seiner Oberfläche, das soll nun der Gegenstand der folgenden Abschnitte dieses Buches sein.

II. Die Erde ist eine Kugel

Beweise für die Kugelgestalt der Erde. Die Anschauungen der Alten über die Gestalt der Erde waren sehr verschiedenartig. Neben der ältesten und primitivsten Auffassung der Erde als einer flachen Scheibe finden wir Theorien, die ihr Zylinder- oder Walzenform zuschreiben. Der Philosoph *Plato* hielt die Erde für einen Würfel, weil dieser unter den regelmäßigen Körpern am festesten auf seiner Grundlage ruhe. Wann der Gedanke, daß die Erde eine Kugel

---

[1] Siehe auch K. Stumpff: „Astronomie gegen Astrologie", Verlag für angewandte Wissenschaften, Baden-Baden 1955.

sei, zum ersten Male ernsthaft erwogen wurde, wissen wir nicht genau. Es ist aber bekannt, daß *Parmenides*, ein Schüler der Pythagoreer, diese Ansicht öffentlich lehrte. *Aristoteles* (384—322 v. Chr.), der die verschiedenen bis zu seiner Zeit bekanntgewordenen Auffassungen miteinander verglich, entschied sich ebenfalls für die Kugelform und führte zur Begründung nicht nur philosophische Überlegungen, sondern auch verschiedene Erfahrungstatsachen an. So bemerkte er, daß bei Mondfinsternissen der Erdschatten (der also schon damals richtig als Ursache dieser Himmelserscheinungen erkannt wurde) immer kreisrund ist, was nur denkbar ist, wenn man der Erde Kugelgestalt zubilligt. Er verwertete ferner die Erfahrung, daß bei Reisen in nördlicher Richtung der Polarstern sich höher über den Horizont erhebt, oder daß bei Reisen nach Süden am südlichen Horizonte neue Sternbilder auftauchen.

Diese letztgenannten Erfahrungen bewiesen zwar noch nicht, daß die Erde eine vollkommene Kugel ist, aber sie zeigten wenigstens, daß die Oberfläche der Erde in der Richtung von Norden nach Süden gekrümmt sein muß. Die gleiche Erscheinung würde sich auch ergeben, wenn die Erde eine Walze mit ost-westlich gerichteter Achse wäre. Zur Kugelgestalt gehört aber eine gleichmäßige Krümmung nach allen Richtungen, insbesondere also nicht nur in der Nord-Süd-, sondern auch in der Ost-West-Richtung. Für eine solche Ost-West-Krümmung finden wir aber bei *Aristoteles* keine Belege aus Beobachtungen.

Tatsächlich ist auch aus Gestirnsbeobachtungen die ost-westliche Krümmung der Erdoberfläche viel schwieriger nachzuweisen als die nord-südliche. Wir beobachten, daß die Sterne infolge der täglichen Drehung der Himmelskugel kreisförmige Bahnen um den Himmelspol ausführen, dessen Lage nahezu durch den Polarstern gekennzeichnet ist. Auf dieser täglichen Bahn erreichen die Sterne ihre größte Höhe über dem Horizont, wenn sie durch die Nord-Süd-Linie des Himmels, den sogenannten *Meridian*, hindurchgehen. Die Krümmung der Erdoberfläche in nord-südlicher Richtung bringt es nun mit sich, daß bei Reisen nach Norden oder Süden die Höhe des Himmelspols (Abb. 8) und damit auch die von den einzelnen Sternen im Meridian erreichten größten Höhen (die „Meridianhöhen" oder „Kulminationshöhen") sich ändern, ein Vorgang, der durch einfache Winkelmessungen leicht nachprüfbar ist. Anders bei Ost-West-Reisen. Hier ändert sich die Polhöhe nicht, und auch die Kulminationshöhen der Sterne bleiben dieselben. Wohl aber ändern sich die *Zeiten* des Aufgangs, des Untergangs und der Kulmination, d. h. des Durchgangs durch die Meridianlinie des Himmels. Wenn man nach Osten reist, erfolgen Aufgang, Kulmination und Untergang früher, wenn man nach Westen reist, später.

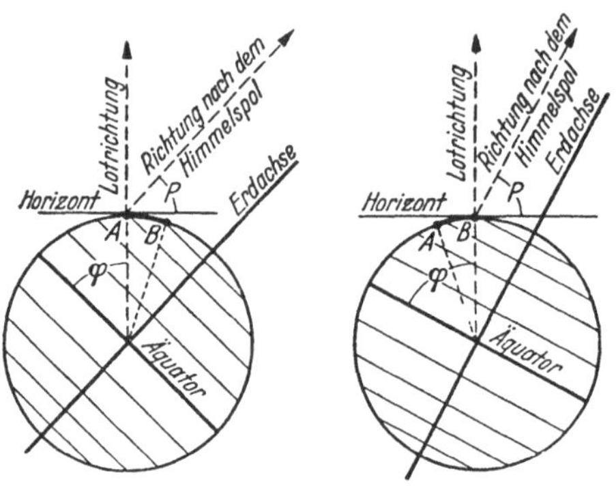

Abb. 8. Wenn man von einem Orte *A* in nördlicher Richtung nach dem Orte *B* reist, erhebt sich der Himmelspol höher über den Horizont. Die „Polhöhe" (*P*) ist gleich der „geographischen Breite" (*φ*).

Daraus folgt, daß zur Feststellung dieser Erscheinung durch Messung eine *Zeitvergleichung* nötig ist. Man muß also zur tatsächlichen Ausführung dieses Experiments *Uhren* besitzen, deren Gang auch bei längeren Reisen zuverlässig bleibt. Wenn wir heutzutage etwa von Europa nach Amerika fahren, so müssen wir unsere Uhren nach und nach um sechs Stunden zurückstellen, damit sie die Tageszeiten richtig anzeigen. Im Altertum aber gab es transportable Uhren von genügender Zuverlässigkeit nicht, mit denen man solche Messungen hätte durchführen können. Sie waren auch zum Beweise der Ost-West-Krümmung nicht unbedingt nötig, denn man hatte ja andere Anzeichen: die schon erwähnte stets kreisförmige Begrenzung des Erdschattens bei Mondfinsternissen, ferner die von den Seefahrern gemachte Erfahrung, daß von den am Horizonte des Meeres auftauchenden Schiffen immer zuerst die Mastspitzen sichtbar werden — ganz unabhängig von der Himmelsrichtung, aus der sie kommen.

Messung des Erdumfangs im Altertum. Aus der Zeit des Altertums stammen auch die ersten Versuche, die *Größe* der als kugelförmig erkannten Erde zu bestimmen. Die Größe einer Kugel läßt sich durch eine einzige Zahl (Durchmesser, Halbmesser oder Umfang) ausdrücken, die den Charakter einer Länge besitzt und daher nach Kilometern, Meilen oder irgendeiner anderen Längeneinheit gemessen wird. Derartige Angaben, die aber nur das Ergebnis oberflächlicher Schätzungen sind, finden sich schon bei *Aristoteles*, *Archimedes* und anderen Autoren des Altertums.

Die erste wirkliche *Messung* des Erdumfangs wird uns von *Eratosthenes* berichtet, der 276—194 v. Chr. lebte. Er benutzte dabei die oben beschriebene Abhängigkeit der Kulminationshöhe der Gestirne von einer Ortsveränderung in nord-südlicher Richtung, die ihm aus den Schriften des *Aristoteles* bekannt war. *Eratosthenes* lebte in Alexandrien. Er erfuhr nun von Reisenden, die aus dem südlich von Alexandrien gelegenen Syene (dem heutigen Assuan in Ägypten) kamen, daß sich dort zur Zeit der Sommersonnenwende (21. Juni) die Sonne des Mittags in einem sehr tiefen Brunnen spiegele. Er schloß daraus, daß die Sonne an diesem Tage mittags im Zenit von Syene stehen müsse. Durch Messung mit einem *Gnomon* (einem senkrecht stehenden Stab, aus dessen Schattenlänge man die Höhe der Sonne bestimmen konnte [vgl. Abb. 17]), stellte er nun fest, daß zur gleichen Zeit die Sonne in Alexandrien etwas über 7 Grad südlich vom Zenit kulminierte. Das ist der 50. Teil des Kreisumfangs. Demnach mußte auch die auf der Erdoberfläche gemessene Entfernung zwischen Alexandrien und Syene den 50. Teil des Erdumfangs betragen (Abb. 9).

Die Weglänge zwischen beiden Orten war dem *Eratosthenes* bekannt — sie betrug nach einer schon damals in Ägypten durchgeführten Landesvermessung rund 5000 Stadien. Für den Erdumfang ergab sich demnach 250000 Stadien, eine Größe, die wir mit dem uns heute bekannten Wert (40000 km) nicht genau vergleichen können, da wir nicht mit Sicherheit angeben können, in welchem Verhältnis das Wegemaß der Griechen, das *Stadion*, zu unserem Meter oder Kilometer stand. Wahrscheinlich darf man aber ohne allzu großen Fehler 1 Stadion = 185 m setzen — die Messung des *Eratosthenes* führt danach auf einen Erdumfang von 46250 km, also auf einen um fast 16% zu großen Wert. Immerhin kann man aber sagen, daß die Alten von der Größe der Erdkugel einen annähernd richtigen Begriff hatten.

Merkwürdigerweise fanden diese zwar ungenauen, aber doch methodisch vollkommen richtigen Versuche der Erdmessung weder im Altertum noch im Mittelalter viel Nacheiferung, obwohl sie sich auch mit den damaligen Hilfsmitteln leicht mit größerer Genauigkeit hätten wiederholen lassen. Wir vermerken hier nur zwei ähnliche Unternehmen: die Erdmessung des *Posidonius* (etwa 150 Jahre nach *Eratosthenes*), die auf einen zu kleinen Wert für den Erdumfang führte, und eine im Jahre 827 n. Chr. in Mesopotamien unter der Regierung des Kalifen *Al Mamun* ausgeführten Messung, deren Ergebnis wir aber nicht auf seine Richtigkeit nachprüfen können, da uns die benutzte Längeneinheit, die arabische Meile, nicht überliefert ist.

Die Methode, die bei all diesen Versuchen zur Erdmessung benutzt wurde, beruht also auf folgender Überlegung: Der Erdumfang, gegeben durch einen Kreis, der durch beide Erdpole hindurchgeht, also überall nord-südlich verläuft (Längenkreis oder Meridian), wird in 360 Grad eingeteilt, die gerade Verbindung zwischen Pol und Äquator also in 90 Grad (geographische Breite). Die geographische Breite eines Beobachtungsortes entspricht der Höhe des Himmelspols über dem Horizont des Ortes. Nun seien zwei Punkte A und B auf diesem Längenkreis gegeben, deren Breitenunterschied (Polhöhenunterschied) genau gleich einem Grad ist. Die längs der Erdoberfläche gemessene Entfernung der beiden Punkte ist dann genau gleich dem 360. Teile des

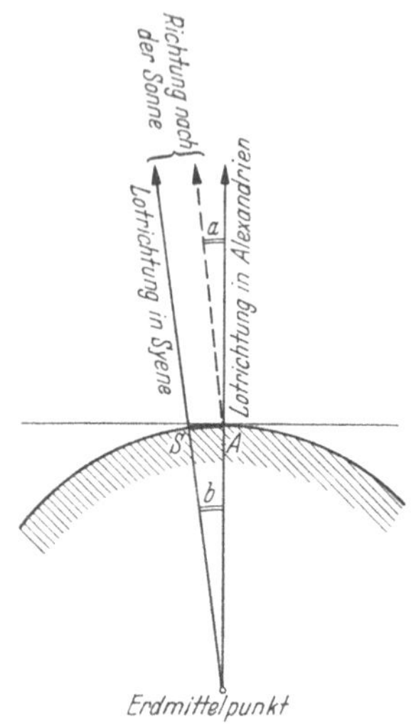

Abb. 9. *Eratosthenes* bestimmt den Erdumfang: Am 21. Juni steht die Sonne in Syene (S) im Zenit, in Alexandrien (A) um den Winkel a südlich vom Zenit. Dieser Winkel, der 50. Teil des Vollkreises, ist gleich dem Winkel b zwischen den Erdradien nach A und S. Der Bogen AS ist daher auch der 50. Teil des Erdumfangs, der damit durch Ausmessung von AS bestimmt werden kann.

Erdumfangs. Man bezeichnet daher diese Methode der Erdmessung auch als *Gradmessung*. Sie besteht aus zwei einzelnen Messungen verschiedener Art: einer *Winkelmessung* (der Bestimmung des Polhöhenunterschiedes, der, wie wir gesehen haben, auch gleich dem Unterschied der Kulminationshöhen irgendeines Sternes an beiden Orten ist) und einer *Streckenmessung*, nämlich der Ausmessung des nord-südlich verlaufenden Weges zwischen beiden Orten.

Beide Messungsarten sind Ungenauigkeiten unterworfen, die das Ergebnis fälschen. So hatte der Fehler der Gradmessung des *Eratosthenes*, soweit er nicht auf unserer mangelhaften Kenntnis der Länge des Stadions beruht, mehrere Ursachen: 1. Die Bestimmung der Sonnenhöhe in Alexandrien geschah mit einem sehr primitiven Instrument. 2. Die Angabe, daß sich die Sonne in Syene im Zenit befand, beruhte auf unzuverlässigen Berichten, die nicht nachgeprüft wurden. 3. Die Annahme, daß Syene genau südlich von Alexandrien liegt, war nicht ganz zutreffend. 4. Die Bestimmung der Entfernung Alexandrien-Syene (etwa 800 km) durch die ägyptische Landesvermessung war sehr ungenau.

Geschichte der Gradmessung in neuerer Zeit. Um diese und andere Fehlerquellen hatte man sich damals kaum gekümmert. Erst in der modernen Zeit ersetzte man nicht nur unsichere Abschätzungen durch sorgfältige Messungen mit verbesserten Instrumenten, sondern legte auch Gewicht darauf, Fehlerquellen der verschiedensten Art zu vermeiden oder, wo dies nicht möglich war, ihren Einfluß auf das Ergebnis abzuschätzen und tunlichst auszuschalten. Die Geschichte der Erdmessung in neuerer Zeit ist ein lehrreiches Beispiel für die Verfeinerung der Forschungsmethoden in dieser Beziehung.

Die erste Gradmessung in neuerer Zeit ist wiederum nur ein Versuch mit unvollkommenen Mitteln gewesen. Sie wurde 1525 von dem französischen Arzt *Fernel* auf der geraden und ungefähr von Süden nach Norden verlaufenden Straße von Paris nach Amiens unternommen. Der Breitenunterschied beider Orte (ungefähr 1 Grad) war *Fernel* bekannt. Die Weglänge aber bestimmte er auf eine sehr originelle Weise: Er durchfuhr sie in seinem Wagen und zählte während der Fahrt die Umdrehungen eines Wagenrads. Den Umfang des Rades maß er genau aus und erhielt so die Länge des zurückgelegten Weges. Nun war aber die Straße keineswegs eben, sondern führte über Hügel und Täler. Infolge dieser Unebenheiten war der gemessene Weg etwas zu lang, und es spricht für die Sorgfalt des Beobachters, daß er den Einfluß dieser Fehlerquelle abschätzte und die erhaltene Weglänge um einen entsprechenden kleinen Betrag verkürzte.

Die durch reine Winkelmessungen zu erzielende Bestimmung des Polhöhenunterschiedes zweier Orte wurde nach der Erfindung des Fernrohrs (1610) bald zu einer Aufgabe, die mit höchster Präzision durchgeführt werden konnte. Die Genauigkeit der Weglängenmessung hingegen ließ noch lange Zeit sehr zu wünschen übrig. Es bestanden da verschiedene Schwierigkeiten — die schlimmste war das Fehlen eines für wissenschaftliche Zwecke dieser Art geeigneten Maßstabes. Es gab zwar im 17. Jahrhundert, in dem die ersten bedeutenden Gradmessungen moderner Zeit ausgeführt wurden, eine Unmenge von Längenmaßen, die im gewöhnlichen Leben ihre Dienste taten. Sie waren Maßeinheiten, die teils den Abmessungen des menschlichen Körpers entlehnt waren (Elle, Fuß, Zoll[1]), teils willkürlich festgesetzt waren, wie z. B. die damals in Frankreich gebräuchliche *Toise* (etwa = 1,95 m). Wollte man aber eines dieser Maße zur Ausmessung des gewaltigen Erdkörpers benutzen, so mußte man die Längeneinheit selbst mit einer Genauigkeit festlegen, wie sie bis dahin unnötig und daher auch unbekannt war.

Die Länge der *Toise*, die bei den Erdvermessungen des 17. und 18. Jahrhunderts als Maßeinheit benutzt wurde, war ursprünglich gegeben durch eine an der Mauer des Grand Châtelet in Paris angebrachte eiserne Schiene, die zwei Vorsprünge aufwies, zwischen die ein Maßstab von der Länge einer Toise genau passen mußte. Leider erfüllte dieses „Urmaß" nicht die Bedingungen, die bei exakten wissenschaftlichen Messungen erforderlich sind. Witterungseinflüsse (Rost) veränderten ständig seine Länge, die natürlich auch von der Temperatur stark abhängig war. Um wenigstens den Einfluß der Temperatur auszuschalten, setzte man bald eine Normaltemperatur fest, bei der die benutzten Maßstäbe die richtige Länge haben sollten. Wurde bei anderen Temperaturen gemessen, so mußte die Ausdehnung oder Schrumpfung des Maßstabes berechnet und berücksichtigt werden.

---

[1] Ein Zoll (engl. digit) entspricht der Länge eines Fingergliedes.

Eine weitere Unsicherheit bei der Ausmessung größerer Längen
ergab sich daraus, daß es technisch sehr schwierig ist, Maßstab an
Maßstab so genau zu setzen, daß der Anfangspunkt der neuen
Messung immer haargenau mit dem Endpunkt der vorhergehenden zusammenfällt, und daß auch die Richtung der Meßlinie immer
scharf eingehalten werden muß. Die Vermessung einer Länge
von der Größenordnung, wie sie bei Gradmessungen nun einmal
erforderlich ist, dauerte daher bei sorgfältiger Ausführung außerordentlich lange und war eigentlich
nur auf Kosten der Genauigkeit in erträglichen
Zeiträumen zu bewältigen.

Es war daher ein großer Vorteil, als der holländ-
dische Physiker *Snellius* (1615) bei einer Gradmessung das Prinzip der *Triangulation* anwandte, das
seitdem bei allen geodätischen Messungen benutzt
wird. *Snellius* erkannte nämlich, daß man die Länge
großer Strecken messen kann, indem man eine *kleine*
Strecke direkt mißt (was dann auch bei aller Sorgfalt sehr genau und in kurzer Zeit möglich ist), die
Länge der größeren Strecke aber auf Grund von
Winkelmessungen ermittelt.

Ist etwa (Abb. 10) *AB* die direkt vermessene
Strecke (genannt „Basis"), so läßt sich die Lage der
Punkte *C* und *D* berechnen, wenn man die vier
Winkel *a*, *b*, *c* und *d* kennt, die mit einem Winkel-

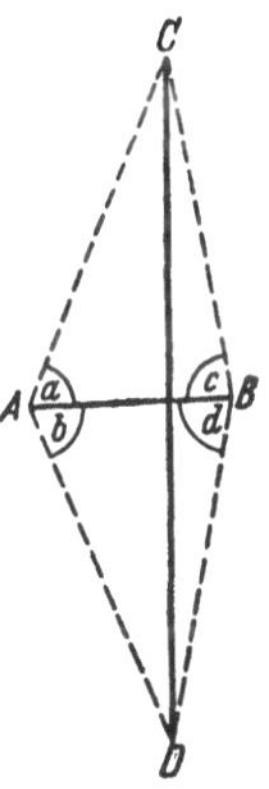

Abb. 10.
Triangu-
lation nach
Snellius.

meßgerät bestimmt werden können, vorausgesetzt, daß von jedem
der Punkte *A* und *B* aus die drei anderen Punkte sichtbar sind.
So ist man also in der Lage, wenn man die kurze Basis *AB* sehr
genau gemessen hat, allein auf Grund von Winkelmessungen
die Entfernung *CD* zu bestimmen, und zwar wegen der größeren
Zuverlässigkeit der Winkelmessungen sehr viel genauer, als dies
durch direkte Streckenmessung zwischen *C* und *D* möglich wäre.
Man hat alsdann für weitere Messungen die Strecke *CD* als sehr
viel größere Basis zur Verfügung. Will man nun eine Gradmessung durchführen, also die Entfernung zwischen Orten bestimmen, die durch weite Strecken getrennt sind, so gelingt auch dies,
wenn man den Zwischenraum durch eine ganze Kette von Dreiecken überbrückt, wie das in Abb. 11 gezeigt wird. Die Ecken der

Dreiecke, die natürlich weithin sichtbar sein müssen, nennt man „trigonometrische Punkte". Sie werden nicht nur bei „Gradmessungen" gebraucht, sondern allgemein bei der Vermessung und kartographischen Aufnahme eines Landes.

Die Abplattung der Erdkugel. Aber nun zurück zur Geschichte der Gradmessung, deren Verlauf uns die fortschreitende Erkenntnis der wahren Gestalt des Erdkörpers wiedergibt. Während *Snellius* seine trigonometrische Methode noch mit sehr primitiven Winkelmeßgeräten ausübte, hatte der Franzose *Picard* bei einer Gradmessung zwischen Paris und Amiens in den Jahren 1669/70 schon einen mit Fernrohr und Fadenkreuz ausgerüsteten Theodoliten zur Verfügung.

Inzwischen tauchte ein neues Problem auf, das dem Bestreben nach weiteren Unternehmungen dieser Art einen gewaltigen Antrieb gab: Das Fernrohr hatte, wie schon im ersten Kapitel gesagt wurde, die Kugelgestalt der *Planeten* gezeigt und damit die Verwandtschaft dieser Himmelskörper mit unserer Erde bestätigt. Nun fand man aber bald, daß die beiden größten Planeten, *Jupiter* und *Saturn*, an ihren Polen stark abgeplattet sind, daß also die Gestalt dieser Körper nicht einer Kugel, sondern vielmehr einem *Rotationsellipsoid* gleicht. War etwa der Schluß erlaubt, daß auch die *Erde* eine derartige Gestalt habe? Diese Frage mußte durch sorgfältige Gradmessungen lösbar sein. Eine an den Polen abgeplattete Erde besitzt in verschiedenen geographischen Breiten eine verschiedene nord-südliche Krümmung. An den Polen wird die Krümmung der Erdoberfläche am geringsten, am Äquator dagegen am stärksten sein. Die Länge eines Breitengrades (d. h. die nord-südliche Entfernung zweier Orte, deren Polhöhe sich um einen Grad unterscheidet) wird an den Polen am größten, am Äquator am geringsten sein — sie nimmt also auf der nördlichen Halbkugel von Norden nach Süden ab (vgl. Abb. 12).

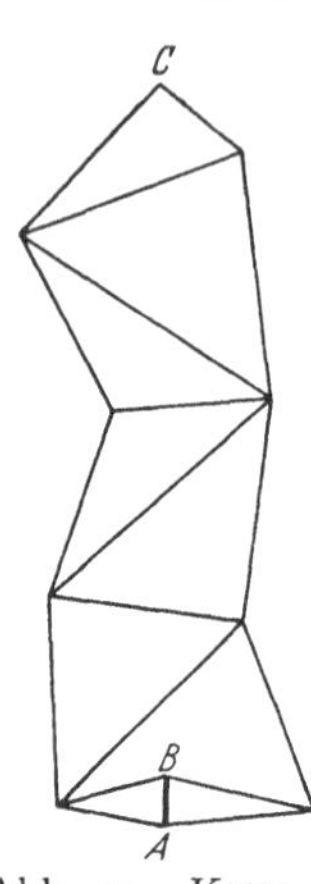

Abb. 11. Kette von trigonometrischen Punkten zur Vermessung des Gebiets zwischen zwei weit entfernten Punkten *A* und *C*. Direkt ausgemessen wird nur die „Basis" *AB*, sonst werden nur Winkelmessungen ausgeführt.

Der erste Versuch, den man auf diese Weise zur Feststellung einer Abplattung der Erde machte, war zunächst ein Fehlschlag. In den Jahren 1680—1718 wurden in Nord- und Südfrankreich verschiedene Gradmessungen unternommen, die aber merkwürdigerweise für den Süden eine geringere Erdkrümmung als für den Norden ergaben. Die Franzosen traten im Vertrauen auf die Richtigkeit ihrer Messungen damals für die Ansicht ein, daß die Erde nicht abgeplattet, sondern (etwa wie ein Ei) nach den Polen zu verlängert sei. Die englischen Gelehrten hingegen verfochten aus physikalischen Gründen die Theorie der abgeplatteten Erde.

Diese Theorie fand nämlich ihre Stütze nicht nur in der Erfahrung, daß ein rotierender elastischer Körper von kugelförmiger Gestalt bestrebt ist, unter dem Einfluß der *Zentrifugalkraft* die Form eines abgeplatteten Rotationsellipsoides anzunehmen, sondern auch in den Ergebnissen von Schwerkraftbestimmungen in verschiedenen geographischen Breiten. Nach der von

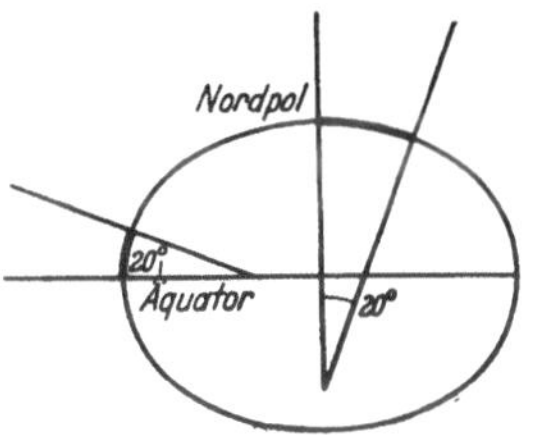

Abb. 12. Länge eines Meridianbogens von 20° Polhöhenunterschied am Pol und am Äquator der abgeplatteten Erde (Abplattung in der Zeichnung stark übertrieben). Am Äquator sind demnach die Breitengrade kürzer als an den Polen.

Newton aufgestellten Theorie der Schwerkraft nimmt die Anziehungskraft der Erde mit dem Quadrat der Entfernung vom Erdmittelpunkt ab. Wenn also die Erde an den Polen abgeplattet ist, wird demnach die Schwerkraft an den Polen am größten, am Äquator am geringsten sein[1]. Die Schwerkraft an verschiedenen Orten läßt sich aber nun leicht vergleichen, indem man ein Pendel von gleichbleibender Länge an diesen Orten schwingen läßt: es wird um so schneller schwingen, je größer die Schwerkraft ist, die auf es wirkt. Derartige Versuche, die damals von *Richer* in Frankreich und im äquatorialen Südamerika (Cayenne) unternommen wurden, ergaben tatsächlich für Südamerika die längere Schwingungsdauer, wie es bei einer abgeplatteten Erdkugel zu erwarten war.

---

[1] Dieser Unterschied wird noch durch die Zentrifugalkraft (Fliehkraft) verstärkt, die infolge der Erdrotation entsteht und der Schwerkraft entgegenwirkt. Sie ist am Äquator am größten, an den Polen dagegen null.

Spätere Gradmessungsarbeiten, insbesondere die zweier von der Pariser Akademie der Wissenschaften in den Jahren 1735—1744 unternommener Expeditionen nach Lappland und Peru, entschieden diesen Gelehrtenstreit zugunsten der Abplattungstheorie — eine spätere Nachprüfung der Picardschen Messungen ergab, daß ihr gegenteiliges Ergebnis auf einem Rechenfehler beruht hatte.

Das internationale Längenmaß. Die Gradmessungen in Lappland und Peru sind noch aus einem anderen Grunde bedeutungsvoll: sie gaben den Anlaß zu einer genaueren und damit für wissenschaftliche Arbeiten brauchbareren Definition der Toise als Längeneinheit. Es wurde ein Urmaß geschaffen, das in Paris wettersicher aufbewahrt wurde, und das die Länge der Toise bei einer Temperatur von 13° Reaumur genau angab. Mit ihm wurden die auf den beiden Expeditionen benutzten Arbeitsmaßstäbe vor der Ausreise genau verglichen. Nach Rückkehr der Expeditionen sollte eine erneute Vergleichung stattfinden, um die Unveränderlichkeit der benutzten Maßeinheit zu gewährleisten. Leider konnte diese Vergleichung bei dem Maßstab der Lappland-Expedition nicht einwandfrei durchgeführt werden, da dieser auf der Rückreise ins Wasser gefallen und nach seiner Wiederauffindung stark verrostet war.

Der Toise als Maßeinheit der Länge haftete ein Übelstand an, der sie ungeeignet erscheinen ließ, als ein Maß von internationaler Gültigkeit angesehen zu werden: ihre willkürliche Festsetzung. Im Verlauf der Reformen des öffentlichen Lebens, die während der Französischen Revolution durchgeführt wurden, kam auch diese Frage zur Verhandlung. Die Schaffung einer für alle Nationen verbindlichen Längeneinheit konnte nur gelingen, wenn man sie in Verbindung brachte mit einem naturgegebenen Maß, das allen Völkern der Erde gleich wichtig erscheinen mußte. Ein solches Maß aber war gegeben durch die Abmessungen des Planeten Erde, des gemeinsamen Wohnsitzes aller Menschen, selbst. So wurde am 7. April 1795 vom französischen Nationalkonvent beschlossen, als neue Längeneinheit das *Meter* einzuführen und es als den 10000000. Teil des *Erdquadranten*, d. h. der auf der Erdoberfläche gezogenen kürzesten Verbindungslinie zwischen Pol und Äquator, zu definieren.

Die größte Schwierigkeit bei der Festlegung des Metermaßes nach dieser Vorschrift lag darin, daß die bis dahin vorliegenden Gradmessungen noch keineswegs den höchsten erreichbaren Genauigkeitswert besaßen. Es wurden neue Expeditionen ausgerüstet, um die Länge des Erdquadranten immer genauer zu bestimmen, aber man wartete ihr Ergebnis nicht ab, sondern einigte sich 1799 auf ein Metermaß, das den bis dahin gewonnenen Resultaten entsprach und als „legales Meter" bezeichnet wurde. Es wurde dargestellt durch den Abstand zweier feiner Striche auf einem Platinstab, der im Pariser Staatsarchiv aufbewahrt wurde — als Normaltemperatur wurde 0^0 festgesetzt. Heute benutzen wir an Stelle des legalen Meters das „internationale Meter", das 1889 auf Grund neuerer Erdmessungsarbeiten geschaffen wurde und um einen geringen Bruchteil kleiner ist als das ältere Maß.

Auch das internationale Meter, das 1893 auch in Deutschland als gesetzliches Längenmaß eingeführt wurde, erfüllt nicht genau die Bedingung, daß 10 000 000 m oder 10 000 km gleich der Länge eines Erdquandranten sind. Das liegt zum größten Teil an der Unmöglichkeit, ein Urmaß von so großer Präzision mechanisch herzustellen. Noch schwieriger aber ist das Problem, ein solches mechanisches Urmaß so unveränderlich zu erhalten, daß es für viele Jahrhunderte als Norm seine Gültigkeit behält, denn wir wissen nicht, ob wirklich alle Vorsichtsmaßregeln genügen, um selbst das festeste Edelmetall so lange Zeit hindurch gegen alle formverändernden Einflüsse zu schützen. So ist man in neuester Zeit dazu übergegangen, die Länge des Meters mit einem anderen Naturmaß zu vergleichen: der Wellenlänge des Lichtes in bestimmten Spektrallinien.

Mit der Erkenntnis, daß die Erde die Gestalt eines abgeplatteten Rotationsellipsoids hat, also eines Körpers, der — geometrisch betrachtet — entsteht, wenn man eine Ellipse um ihre kleine Achse rotieren läßt, war man der wahren Erdgestalt wenigstens annähernd auf die Spur gekommen. Die Form der Erdoberfläche war nun nicht, wie früher, durch eine einzige Größe, den Halbmesser oder den Umfang, bestimmt, sondern durch deren zwei — die beiden Halbachsen der sogenannten *Meridianellipse*, die entsteht, wenn man einen ebenen Schnitt von Pol zu Pol durch die Erde legt. Die große Halbachse, die wir mit *a* bezeichnen wollen, entspricht dem Erdhalbmesser am Äquator, die kleine Halbachse, b, dem Erdhalbmesser an den Polen. Als *Abplattung* bezeichnet man allgemein das Verhältnis, in dem der Unterschied beider Achsen zur großen Achse steht, d. h. die Zahl $\frac{a-b}{a}$. Als zuverlässigste Maßzahlen des Erdellipsoids gelten gegenwärtig die von *Hayford* (1910) gegebenen Größen:

äquatorialer Erdhalbmesser $a = 6\,378\,388$ int. Meter
polarer Erdhalbmesser $b = 6\,356\,909$ int. Meter
Abplattung $\frac{a-b}{a} = 1 : 296{,}96$

Äquatorumfang 40076,6 km; Meridianumfang 40009,1 km.

Das Geoid. Natürlich kann auch das Rotationsellipsoid nur als Annäherung an die wirkliche Gestalt des Erdkörpers angesehen werden. Dafür sorgen schon die Ungleichförmigkeiten der Erdoberfläche, die wir als *Gebirge* kennen. Wäre die Erdoberfläche vollständig mit Wasser bedeckt, so würde diese Annäherung fast völlig mit der Wirklichkeit gleichzusetzen sein. Die tatsächliche Struktur der Oberfläche unseres Planeten mit ihren Bodenerhebungen über und unter dem Meeresspiegel ergibt aber ein wesentlich komplizierteres Bild. Die Vermessung der wirklichen Oberflächengestalt des Erdkörpers ist eine sehr schwierige Aufgabe, deren Lösung einer besonderen Wissenschaft, der *Geodäsie*, zufällt. Man unterscheidet eine *niedere* und eine *höhere* Geodäsie. Die niedere Geodäsie beschäftigt sich mit der Vermessung kleinerer Oberflächenstücke, also der Festlegung der Oberflächenformen einzelner Landesteile und ihrer kartenmäßigen Darstellung. Die höhere Geodäsie hat dagegen die Aufgabe, die Ergebnisse dieser Einzeldarstellungen zu einem Gesamtbild der Erdoberfläche zusammenzufügen — die Gradmessungsarbeiten und die Vermessung großer Länder und ganzer Kontinente fallen also in ihr Arbeitsgebiet.

Hierbei treten nun große Schwierigkeiten auf, die es nicht angezeigt erscheinen lassen, etwa das Rotationsellipsoid als Grundform der Erdoberfläche anzusehen und die Erhebung einzelner Punkte über diese Idealfläche durch Messung zu bestimmen. An sich könnte man zwar das Problem der höheren Geodäsie von diesem Gesichtspunkt aus angreifen. Seine Lösung sähe dann ungefähr folgendermaßen aus: Man überdeckt die gesamte Erde mit einem Netz von trigonometrischen Punkten, die je nach der Oberflächengestaltung verschieden hoch über der idealen Fläche, dem Rotationsellipsoid, liegen. Ihre Verbindungslinien ergeben so ein Skelett von Dreiecken, das sich der wahren Form der Erde anschmiegt, und dessen Ausmessung von einer oder von mehreren Basislinien aus nach dem Snelliusschen Prinzip der Triangulation möglich sein muß.

Die größte Schwierigkeit liegt aber nun darin, daß auch die genauesten Längen- und Winkelmessungen nicht fehlerfrei sind. Hinzu kommt, daß beim Anvisieren benachbarter Dreieckspunkte, die meist viele Kilometer entfernt sind und — besonders in Gebirgsgegenden — auch in verschiedener Höhe liegen, der beim Anvisieren benutzte Lichtstrahl nicht geradlinig verläuft, sondern beim Durchlaufen verschieden dichter Luftmassen durch die *Strahlenbrechung* gekrümmt wird. Bei der Vermessung weiter Gebiete summieren sich die dadurch bewirkten Meßfehler in schwer kontrollierbarem Maße — die Folge wäre, daß das schließlich entstehende Gesamtbild des Dreiecksskeletts so verzerrt wäre, daß auch geringe Genauigkeitsansprüche nicht mehr befriedigt werden könnten. Man stelle sich etwa einen Brückenbogen vor, der aus einer Eisenkonstruktion von festverbundenen Stäben besteht, die einen breiten Fluß überspannt. Nimmt man nun an, daß jeder einzelne Stab nur eine ganz geringe kaum meßbare Ausdehnung, Verkürzung oder Durchbiegung erfährt, so wird doch der Brückenbogen als Ganzes eine Formveränderung von merklichem Betrage erleiden.

Um bei der Erdvermessung die groben Verzerrungen des Dreiecknetzes zu vermeiden, ist es demnach erforderlich, sich nicht nur auf die rein geometrische Bestimmung seiner Gestalt zu verlassen, sondern wenigstens an einer größeren Zahl von Punkten dieses Netzes Kontrollen einzuführen, durch die das Meßergebnis gestützt und, wenn nötig, verbessert wird.

Solche Kontrollen liefert uns die Messung der *Schwerkraft.* Wir haben schon weiter oben gesehen, daß gerade die Schwerkraftmessungen in verschiedenen Breiten den Nachweis der Abplattung der Erde zuerst erbracht haben. Durch Messung der Dauer von

Pendelschwingungen läßt sich die Größe der Schwerkraft mit einem außerordentlich hohen Grad von Genauigkeit bestimmen; durch sie erhält man zunächst Hinweise über die relative Entfernung verschiedener Beobachtungsorte vom Erdschwerpunkt und damit ein Bild von der Erdform, das nicht mehr auf rein geometrischen, sondern auf physikalischen Grundlagen beruht. Beide Vorstellungen ergänzen sich — sie miteinander in Einklang zu bringen, ist eine der schwierigsten Aufgaben der höheren Geodäsie.

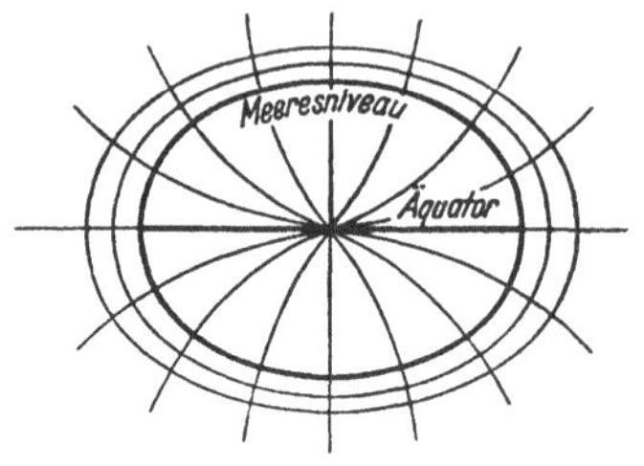

Abb. 13. Niveauflächen der Schwerkraft und Lotrichtungen bei der abgeplatteten Erde (Abplattung in der Zeichnung stark übertrieben). Die Lotrichtung steht überall auf den Niveauflächen senkrecht.

Durch die Hinzuziehung der Schwerkraft wird nun als Idealform der Erdoberfläche an Stelle des Rotationsellipsoids eine andere geschlossene Fläche erhalten, die zwar einem Rotationsellipsoid sehr ähnlich ist, aber ihm gegenüber doch merkliche Abweichungen zeigt. Diese Fläche ist dadurch charakterisiert, daß in bezug auf sie die Schwerkraft *überall* in *senkrechter Richtung* wirkt (Abb. 13). Offenbar gibt es beliebig viele solcher „Niveauflächen", die einander umschließen, ohne sich zu berühren (etwa wie die Schalen einer Zwiebel). Eine von ihnen ist aber durch die Natur besonders ausgezeichnet und eignet sich daher in hohem Grade dazu, als Bezugsfläche für alle geodätischen Arbeiten zu dienen: die Oberfläche des Weltmeeres, die ja (wenn wir von den Wellenbewegungen, den Ebbe- und Fluterscheinungen und ähnlichen Veränderlichkeiten absehen) von Natur eine Niveaufläche der Schwerkraft ist, weil jede ruhende Flüssigkeit nach bekannten physikalischen Gesetzen im Gleichgewicht ist, wenn die auf sie wirkende Kraft überall senkrecht auf ihrer Oberfläche steht.

Diese durch die mittlere Meeresoberfläche gegebene Niveaufläche der Schwerkraft läßt sich nun auch über die Kontinente hinweg fortgesetzt denken. Ihre Lage und ihr Verlauf läßt sich bestimmen, wenn man überall die Richtung der Schwerkraft, d. h. die *Lotrichtung*, ermittelt, bzw. die Lage der Horizontalebene, auf der die

Lotrichtung senkrecht steht. Die Feststellung des Verlaufes der durch einen beliebigen Punkt gehenden Niveaufläche und ihrer relativen Lage zur Niveaufläche des Meeresspiegels bezeichnet man als *Nivellement,* die durch Fortsetzung des Meeresniveaus über die Kontinente erhaltene ideale Fläche heißt das *Geoid* (Abb. 14). Übrigens unterscheidet sich das Geoid von einem Rotationsellipsoid nur geringfügig, die Er-

hebungen oder Einsenkungen erreichen wahrscheinlich nirgends höhere Beträge als etwa 100 m, was in Anbetracht der gewaltigen Ausmaße des Erdkörpers nicht viel genannt werden kann.

Wie groß die Schwierigkeiten sind, alle Beobachtungen geometrischer, physikalischer und astronomischer Art, die zur Festlegung der Erdgestalt gemacht werden,

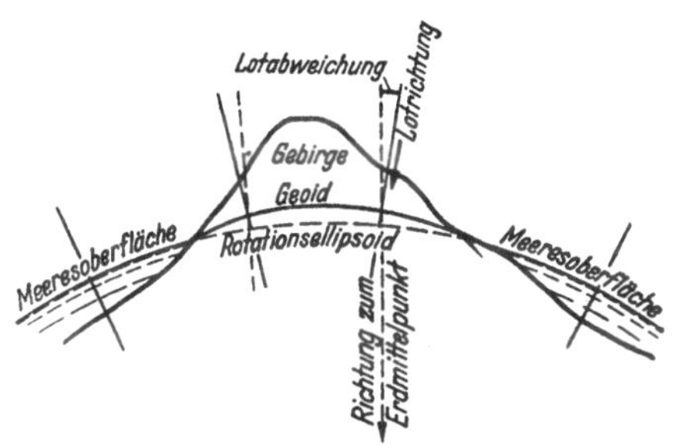

Abb. 14. Gebirge verändern durch ihre Massenanziehung die Lotrichtung. Die Fläche, die im Niveau der Meeresoberfläche überall senkrecht auf der tatsächlichen Lotrichtung steht, ist das Geoid. Unter Gebirgen ist die Geoidfläche gegenüber dem Rotationsellipsoid aufgewölbt.

miteinander in Einklang zu bringen, mag noch eine weitere Überlegung zeigen:

Wir hatten gesehen, daß durch Gradmessungen in nordsüdlicher Richtung die Maße des Erdellipsoids festgestellt werden können, wenn man die geometrische Entfernung zweier auf einem Längenkreis liegender Orte bestimmt und außerdem die geographischen Breiten dieser Orte durch astronomische Messung ihrer Polhöhe ermittelt. Wie wichtig es aber ist, hierbei die Abweichungen des Geoids von der ellipsoidischen Erdgestalt mit zu berücksichtigen, sehen wir am besten ein, wenn wir etwa annehmen, daß der südliche der beiden Beobachtungsorte am Nordrand eines gewaltigen Gebirgsmassivs liege. Die Messung der astronomischen Polhöhe beruht auf der Messung von Gestirnshöhen über dem Horizont des Beobachtungsorts, dieser ist aber allein durch die Lotrichtung, also durch die Richtung der Schwerkraft gegeben. In unserem Falle wird nun die Lotrichtung im südlichen Punkt von der normalen

Lage infolge der Anziehungskraft des nahen Gebirges stark abweichen, der Horizont wird gegen die durch das Ellipsoid gegebene Normallage nach Norden zu gesenkt, nach Süden, also nach dem Gebirge zu, gehoben erscheinen. Dadurch wird die Höhe des Himmelspols, also auch die geographische Breite, vergrößert (Abb. 15), während dies bei dem weiter nördlich gelegenen Beobachtungsort, wo die anziehende Kraft des Gebirges nur noch gering ist, nicht in demselben Maße der Fall ist.

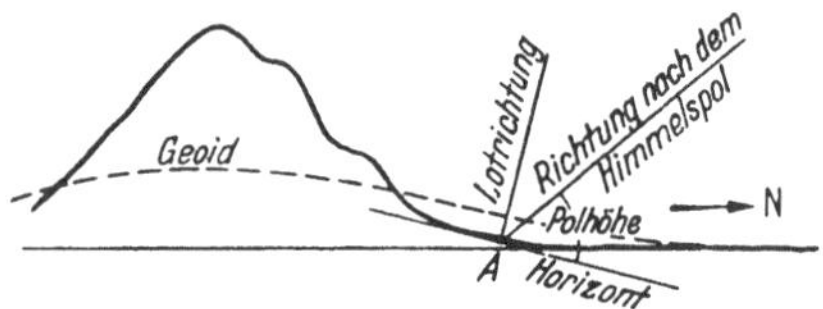

Abb. 15. Am Nordhang eines Gebirges (in *A*) wird der Horizont infolge der Aufwölbung der Geoidfläche nach Norden zu gesenkt; die Polhöhe erscheint demnach um die „Lotabweichung" vergrößert.

Wir sehen also, daß in dem betrachteten Falle der gemessene Breitenunterschied kleiner ausfälllt, als wenn das störende Gebirge und die durch es hervorgerufenen „Lotabweichungen" nicht vorhanden wären. Daraus erhellt sofort, daß eine exakte Erdmessung an diesen Erscheinungen nicht vorbeigehen darf. Nivellement, Feststellung der Lotabweichungen, Messung der Schwereintensität und damit Bestimmung des Geoids müssen in mühsamer Kleinarbeit den Ergebnissen der trigonometrischen Landesvermessungen zur Seite gestellt und in sie hinein verarbeitet werden, damit ein in allen seinen Teilen richtiges Bild von der Oberfläche unseres Planeten entsteht.

III. Die Erde dreht sich

Der Tag als Zeitmaß. Im vorigen Kapitel haben wir gesehen, wie die Erforschung der Gestalt des Erdkörpers ein Nebenergebnis zeitigte, das für das praktische Leben außerordentlich wichtig geworden ist: die Schaffung einer international anerkannten Längeneinheit, des Meters. Mit seinen Vielfachen und Teilen, dem Kilometer, Zentimeter und Millimeter, ist es zu einem Begriff geworden, der aus der Wissenschaft wie auch aus dem täglichen Leben nicht fortgedacht werden kann. Aus ihm leiten sich nicht nur die Flächen- und Raummaße (z. B. Quadratmeter, Kubikmeter) ab, sondern indirekt auch die Maßeinheiten des *Gewichts* und der *Masse* (ein Kilogramm ist das Gewicht eines Kubikdezimeters Wasser bei 4^0 Celsius). Von den drei Hauptmaßeinheiten der Physik (Länge, Masse, Zeit) werden also die ersten beiden mit der Erdgestalt in Beziehung gesetzt. Daß auch die Messung der *Zeit* mit den planetaren Eigenschaften der Erde in Verbindung steht, werden wir in diesem Kapitel erfahren.

Schon in frühester Zeit war die tägliche Bewegung der Gestirne, vor allem der Sonne (ihr Auf- und Untergang und der damit verbundene Wechsel zwischen Tag und Nacht), die Grundlage aller Zeitmessung oder Zeitabschätzung. Tag und Nacht regeln den Ablauf des menschlichen Lebens und menschlicher Arbeit; die Länge des regelmäßig wiederkehrenden Zyklus zwischen Helligkeit und Dunkelheit liefert dem Menschen die natürlichste Zeiteinheit, den Tag. Hierbei ist zu beachten, daß in vielen menschlichen Sprachen, so auch in der deutschen, das Wort für „Tag" in zweierlei Bedeutung auftritt — einmal als Bezeichnung für den Zeitraum zwischen Aufgang und Untergang der Sonne, im Gegensatz zur Nacht. In diesem Sinne ist der Tag ein reines *Zählmaß:* die Aussage, daß soundso viele Tage seit einem Ereignis vergangen sind, bedeutet, daß es seitdem soundso oft hell geworden ist. Daneben bezeichnet das Wort „Tag" aber auch die Länge der Zeitspanne, die einen Tag (im ersten Sinne) und eine Nacht umschließt, also etwa die Zeit zwischen zwei aufeinanderfolgenden Sonnenaufgängen oder -untergängen oder die Zeitspanne zwischen dem Mittag des einen und dem des nächsten Tages.

Wenn wir heute, um eine Größe irgendwelcher Art messen zu können, einen für diesen Zweck geeigneten Maßstab schaffen, so erscheint es uns selbstverständlich, daß er zwei Bedingungen erfüllt: er muß *unveränderlich* und ständig auf seine Unveränderlichkeit *nachprüfbar* sein. Diese für unsere heutigen Begriffe und Erfordernisse unerläßlichen Bedingungen erfüllt nun der nach dem täglichen Lauf der *Sonne* abgemessene *Tag* ganz und gar nicht. Abgesehen davon, daß der Wechsel zwischen dem hellen Tag und der Nacht im Laufe der Jahreszeiten sehr verwickelten Gesetzen folgt, ist auch die Gesamtdauer des Tages (im zweiten Sinne) keineswegs immer die gleiche. Setzen wir z. B., wie dies bei den alten Ägyptern, Griechen und Römern der Fall gewesen ist, den Tagesbeginn mit *Sonnenaufgang* fest, so ist leicht einzusehen, daß die Tageslänge im Frühjahr, wenn die Sonne täglich etwas früher aufgeht, kleiner sein muß als im Herbst, wenn sich der Sonnenaufgang täglich verspätet.

Wesentlich gleichförmiger wird das Tagesmaß, wenn der Tagesbeginn auf Mittag oder Mitternacht festgesetzt wird. Als „Mittag" bezeichnet man etwa den Zeitpunkt, der in der Mitte zwischen Aufgang und Untergang der Sonne liegt, und der dadurch der Beobachtung zugänglich wird, daß an ihm die Sonne genau im Meridian, der Nord-Süd-Linie des Himmels, steht. Die jahreszeitliche Ungleichmäßigkeit der Auf- und Untergangszeiten der Sonne wird durch diese Festsetzung zum größten Teile aufgehoben: wenn z. B. im Frühjahr der Sonnenaufgang täglich früher stattfindet, so tritt dafür der Sonnenuntergang entsprechend später ein — im Herbst ist es umgekehrt. Die Dauer der Zeitspanne zwischen Mittag und Mittag wird daher weitgehend unveränderlich sein.

Dasselbe gilt für die Zeit von Mitternacht zu Mitternacht, die schon den alten Chinesen die Grundlage ihrer Zeiteinteilung lieferte. Die Tageszählung von Mitternacht zu Mitternacht hat große Vorteile, weil durch sie der lichte Tag, der für die Arbeit des Menschen eine wichtige Einheit bildet, nicht zerrissen wird. Diese Zeiteinteilung, bei der der *Datumswechsel* während der Nachtruhe vor sich geht, hat sich daher seit der spätrömischen Zeit auch im Abendland eingebürgert. Dagegen haben — ebenfalls seit dem Altertum — die *Astronomen* immer eine Tageszählung bevorzugt, die von Mittag zu Mittag reicht: für sie war die *Nacht* die Zeit ihrer Arbeit, und sie legten Wert darauf, daß diese nicht durch den Datumswechsel in zwei Teile geteilt wurde. Erst seit 1925 haben sich die Astronomen entschlossen, ihre Tageseinteilung der bürgerlichen anzugleichen.

Mittlere Sonnenzeit und Sternzeit. Daß die Tageslänge auch dann noch ungleichförmig ist, wenn man den Tagesanfang auf die durch den Sonnenlauf bestimmten Zeitpunkte des Mittags oder der Mitternacht legt, wurde offenbar, als man es lernte, ihre Dauer durch Zeitmessungen anderer Art zu kontrollieren. Schon *Hipparch,* einer der großen Astronomen des Altertums, der im zweiten

Jahrhundert v. Chr. lebte, erkannte die Ungleichförmigkeit der Bewegung der Sonne auf ihrer jährlichen Bahn durch den Sternenhimmel und schloß daraus auf die Ungleichmäßigkeit der Tageslänge, die ja durch diese Bewegung maßgeblich beeinflußt wird. An Stelle des unmittelbar durch die Bewegung der Sonne am Himmel gegebenen Zeitmaßes, des „wahren Sonnentages", setzte er den „mittleren Sonnentag", der von diesen Ungleichförmigkeiten befreit ist, und dessen Länge immer die gleiche bleibt. Die Einführung der *mittleren Sonnenzeit*, nach der wir auch heute unsere Uhren richten, ist so wichtig, daß wir bei ihr ein wenig verweilen müssen.

Wir fragen: Wie konnte *Hipparch* die ungleiche Länge des wahren Sonnentages feststellen? Es gibt dafür im Grunde nur eine einzige Möglichkeit: die Vergleichung der Tageslängen mit Hilfe einer genau gehenden *Uhr*. Zu *Hipparchs* Zeiten gab es künstliche Uhren von der hierzu erforderlichen Güte noch nicht. *Eine* Uhr aber stand auch ihm schon zur Verfügung, von deren gleichmäßigem Gang er fest überzeugt war: die sich täglich um ihre Achse drehende Fixsternkugel. Freilich konnte *Hipparch* den gleichmäßigen Gang dieser himmlichen Uhr, deren Zeiger die Sterne sind, nicht *beweisen*. Aber dazu lag auch zu seiner Zeit noch nicht das Bedürfnis vor. Wir haben im ersten Kapitel gesehen, daß die Alten sich alle Himmelsbewegungen als gleichförmige Kreisbewegungen vorstellten, die nach ewigen Gesetzen in vollendeter Harmonie erfolgten. Dies aber galt vor allen Dingen für die Umdrehung der Fixsternsphäre, den einfachsten und großartigsten aller kosmischen Vorgänge. Wir wissen seit *Kopernikus*, daß der Umschwung der Fixsterne nur ein Spiegelbild der Drehung der Erde um ihre Achse ist, und wir werden weiter unten sehen, daß wir für die Zuverlässigkeit dieser natürlichen Uhr bessere Gründe ins Feld führen können als die philosophischen Überlegungen der alten Griechen. Die Tatsache aber bleibt bestehen, daß *Hipparch* berechtigt war, die tägliche Bewegung der Fixsterne als gleichmäßig und unveränderlich anzusehen und mit ihrer Hilfe den ungleichförmigen Gang der „Sonnenuhr" zu kontrollieren.

Betrachten wir die tägliche Umdrehung des Fixsternhimmels als völlig gleichförmig, so ist uns durch sie ein Zeitmaß von unbedingter Zuverlässigkeit gegeben. Der Zeitraum zwischen zwei

Aufgängen oder zwei Untergängen eines und desselben *Fixsterns*[1], oder besser (weil genauer meßbar) der Zeitraum zwischen zwei aufeinanderfolgenden Durchgängen eines Sternes durch die Meridianlinie des Himmels, bleibt immer der gleiche. In Anlehnung an die Bezeichnung „Sonnentag" nennen wir diesen Zeitraum einen „*Sterntag*".

Der Sterntag ist ein wenig *kürzer* als der Sonnentag. Das ist leicht einzusehen. Die Umdrehung der Himmelskugel, auf der wir

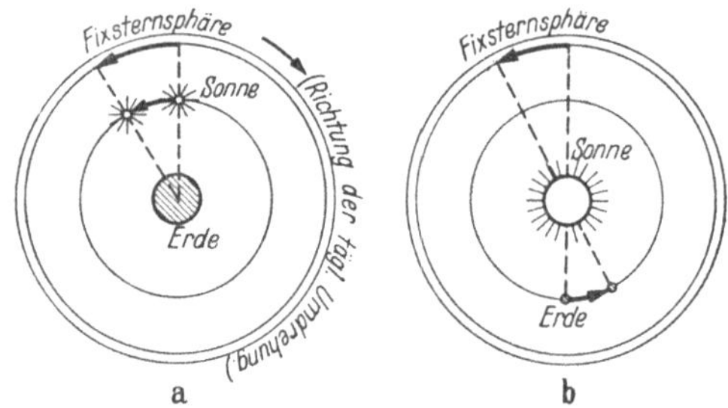

Abb. 16. Jährliche Bewegung der Sonne durch die Sternbilder des Fixsternhimmels: a geozentrisch gesehen (Erde fest im Mittelpunkt, Sonne bewegt sich wirklich), b heliozentrisch gesehen (Sonne fest im Mittelpunkt, Erde bewegt sich, von ihr aus gesehen umläuft die Sonne *scheinbar* den Himmel). Die Abbildungen zeigen die Sonnenbahn während eines Monats.

uns die Fixsterne nach der Vorstellung der Alten festgeheftet denken wollen, erfolgt von Osten nach Westen. Die *Sonne* nimmt an dieser Bewegung teil, sie geht also, wie die Sterne, im Osten auf und im Westen unter. Sie ist aber nicht gleich den Sternen an der Himmelskugel „festgeheftet", sondern wandert langsam zwischen ihnen weiter (Abb. 16), auf einem die Himmelskugel wie ein Gürtel umschließenden Kreise, den wir „Ekliptik" nennen. Diese Umwanderung der Ekliptik erfolgt in einem *Jahre*, und zwar von Westen nach Osten, also der täglichen Bewegung der Gestirne entgegengesetzt. Nehmen wir nun an, daß an einem bestimmten Tage die Sonne gleichzeitig mit irgendeinem Fixstern aufgeht. Am nächsten Tage wird sie dann infolge ihrer Wanderung nach Osten ein wenig später als dieser Stern aufgehen — mit anderen Worten:

---

[1] Strenggenommen benutzt man als „Zeiger" der Sternzeituhr nicht irgendeinen Fixstern, sondern den sogenannten „Frühlingspunkt" (siehe Kapitel V, S. 74), dessen Lage am Fixsternhimmel sich langsam ändert.

die Zeit zwischen zwei Sonnenaufgängen ist etwas länger als die zwischen zwei Sternaufgängen.

Erst nach Ablauf eines Jahres wird die Sonne auf ihrer Wanderung wieder an dem gleichen Punkt angelangt sein — sie hat dann, wenn wir einmal einen sehr anschaulichen sportlichen Vergleich zu Hilfe nehmen, in ihrem Rennen um die himmlische Arena herum genau eine Runde an die schnelleren Fixsterne verloren. Während die Sonne 365mal das Himmelsrund auf ihrer täglichen Bewegung durcheilt, haben die Sterne 366mal ihren Kreis vollendet. Das Verhältnis zwischen der Länge des Sterntages und der des Sonnentages ist also derart, daß 366 Sterntage 365 Sonnentagen gleichzusetzen sind (genauer 366,2422 Sterntg. = 365,2422 Sonnentg.[1]). Hiernach kann man leicht ausrechnen, daß — wenn ein Sonnentag = 24 Stunden gesetzt wird — ein Sterntag die Dauer von 23 Stunden, 56 Minuten und 4 Sekunden haben muß.

Bei dieser Rechnung haben wir noch keine Rücksicht auf die Ungleichmäßigkeit der Sonnenbewegung während ihrer jährlichen Bewegung durch den Tierkreis genommen. Das angegebene Verhältnis zwischen der Länge des Sterntages und der des Sonnentages ist also nur durch ein durchschnittliches während des ganzen Jahres. In den einzelnen Jahreszeiten weicht die Zeit zwischen zwei Meridiandurchgängen der Sonne, die wir als *wahren Sonnentag* bezeichnen, meist merklich von dem *mittleren Sonnentag* ab, dessen Länge zu der des Sterntages in dem oben angegebenen festen Verhältnis steht.

Geschichte der Tageseinteilung und der Zeitmessung. In der Geschichte der Zeitmessung hat die Unterscheidung zwischen mittlerer und wahrer Sonnenzeit nicht immer eine Rolle gespielt. Das zeigt sich bei der Einteilung des Tages und der Messung seiner Unterabschnitte. Heute teilen wir den Tag in 24 Stunden ein — diese Teilung hat sich aus einer Zerlegung des Tages in 12 Abschnitte entwickelt, die bei den Babyloniern üblich war, ebenso bei den Chinesen und Japanern, während die Ägypter sowohl den hellen Tag als auch die Nacht in je 12 Stunden, die sogenannten „Temporalstunden", einteilten. Die ägyptische Teilung war sehr ungleichförmig, da ja im Laufe der Jahreszeiten Tag und Nacht verschieden

---

[1] Das Jahr ist also rund ¼ Tag länger als 365 Sonnentage. Im Kalender (siehe S. 75 f.) wird daher zum Ausgleich alle 4 Jahre ein „Schalttag" eingefügt.

lang sind. Trotz ihrer großen Mängel wurde sie aber von den Griechen und Römern übernommen und hat sich auch während des Mittelalters, bis in das 14. Jahrhundert etwa, erhalten.

Der Übergang von den ungleichmäßig langen „Temporalstunden" zu der Einteilung des Tages in 24 gleich lange Stunden ohne Rücksicht auf die Dauer von Tag und Nacht ist sehr allmählich erfolgt. Ein Überbleibsel aus alten Zeiten ist noch die Gewohnheit, die 24 Stunden des Tages nicht fortlaufend, sondern als zweimal 12 Stunden zu zählen. Diese auch nach Einführung der 24-Stunden-Zählung im öffentlichen Leben nur sehr langsam verschwindende Gewohnheit beruht hauptsächlich auf der sehr übersichtlichen Einteilung der Zifferblätter unserer Uhren, von der wir uns nicht trennen mögen. Auch das Anzeigen der Stunden durch *Schlagwerke*, die bald nach der Erfindung der Räderuhren (um 1300) eingeführt wurden, begünstigte die Beibehaltung der 12-Stunden-Zählung aus naheliegenden Gründen.

Die Räderuhren mit ihrem gleichmäßigen Gang waren für die Zeitrechnung nach den ungleich langen Temporalstunden natürlich ungeeignet — der technische Fortschritt in der Zeitmessung trug damit zur Beseitigung einer überalterten Einrichtung ebensoviel bei wie das Bedürfnis des täglichen Lebens nach einer regelmäßigen Zeiteinteilung. Vorher bediente man sich immer noch der primitiven Zeitmessungsmethoden, die vom Altertum her überliefert waren. In der Antike gebrauchte man fast ausschließlich *Sonnenuhren*, die wahre Sonnenzeit anzeigten und nur am Tage und bei Sonnenschein zu benutzen waren. Um auch des Nachts und bei bewölktem Himmel die Zeit ablesen zu können, verfertigte man daneben *Wasseruhren;* das waren mit Wasser gefüllte Gefäße, deren Inhalt man durch eine enge Öffnung herausfließen ließ — der jeweilige Wasserstand zeigte die seit Beginn des Vorgangs verstrichene Zeit an. Auch die *Sanduhr*, die heute noch bei der Messung kleiner Zeitabstände (z. B. beim Eierkochen) verwendet wird, gehört in diese Kategorie von Zeitmessern.

Die Grundform der *Sonnenuhren* ist der *Gnomon*, ein senkrechter Stab, der im Sonnenlicht auf einer waagerechten Unterlage einen Schatten erzeugt. Die *Länge* des Schattens bildet ein Maß für die Höhe der Sonne, d. h. für den Winkel, den die Blickrichtung nach der Sonne mit der horizontalen Ebene einschließt, die *Richtung* des

Schattens ist der Himmelsrichtung entgegengesetzt, in der die
Sonne sich gerade befindet (Abb. 17). Zeigt der Schatten genau
nach Norden, so steht die Sonne genau im Süden, die Sonnenuhr
zeigt also den wahren Mittag an. Zu den anderen Tageszeiten lassen sich die Stunden aus der jeweiligen Richtung des Schattens
nicht unmittelbar ablesen — infolge der Verschiedenheit der täglichen Sonnenbahn zu verschiedenen Jahreszeiten hätte man genau

genommen für jeden Tag des
Jahres ein besonderes Zifferblatt gebraucht, auf dem der
Schatten des Stabes als Stun-
denzeiger diente. Man half
sich dadurch, daß man nicht
die Schattenrichtung, sondern
die (punktförmige) Lage der
Schatten*spitze* als „Zeiger“
auffaßte. Die Schattenspitze
durchläuft während eines Tages, je nach dem jahreszeitlichen Stand der Sonne, eine

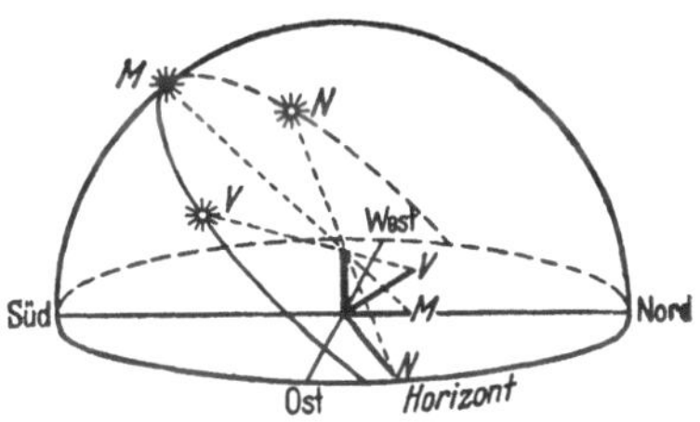

Abb. 17. Schatten des Gnomons vor-
mittags (V), mittags (M) und nach-
mittags (N). Mittags ist der Schatten am kürzesten und nach Norden
gerichtet.

bestimmte Bahn auf dem „Zifferblatt“, die sich vorausberechnen
und mit jeder gewünschten Stundeneinteilung versehen läßt. Bei
Auf- und Untergang der Sonne wird der Schatten unendlich lang,
seine Spitze ist also auf der horizontalen Ebene nicht sichtbar. Man
hat daher kugelförmig oder zylinderförmig gekrümmte Zifferblatt-
flächen eingeführt, auf denen der gesamte Schattenweg von morgens bis abends sichtbar blieb und nun, wenn man die Temporal-
stundeneinteilung anwendete, in 12 Abschnitte zerlegt werden
konnte.

Die moderneren Sonnenuhren in der Form, wie wir sie auch
heute noch an Kirchen, Rathäusern und anderen öffentlichen oder
privaten Gebäuden angebracht finden, bestehen aus einem schattenwerfenden Stab, der nicht senkrecht steht, sondern parallel zur
Umdrehungsachse des Fixsternhimmels bzw. der Erdkugel orientiert ist (Abb. 18). Das hat den Vorteil, daß im Laufe der Jahreszeiten nunmehr allein die *Länge*, nicht aber die *Richtung* des Schattens von der Veränderung der täglichen Sonnenbahn betroffen
wird. Wenn wir also den wahren Sonnentag in 24 gleiche Stunden

einteilen, so läßt sich auf Grund dieser Einteilung ein Zifferblatt konstruieren, das während des ganzen Jahres seine Gültigkeit behält. Die Richtung des schattenwerfenden Stabes verläuft in unseren Breiten schräg aufwärts nach Norden, so daß Stab und horizontale Nordsüdrichtung einen Winkel bilden, der gleich der geographischen Breite des Beobachtungsortes ist.

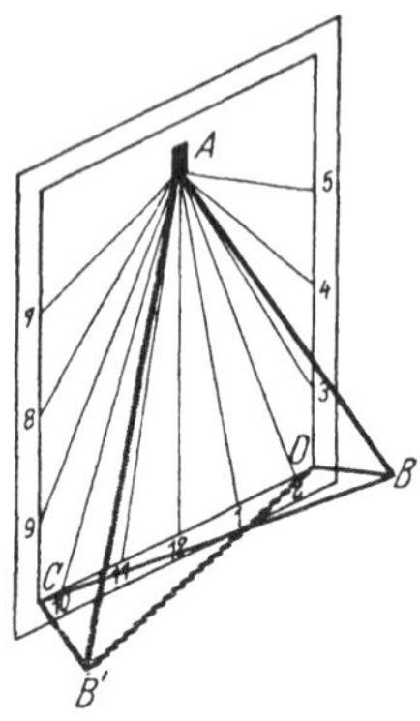

Abb. 18. Sonnenuhr an der Südwand eines Hauses. Der schattenwerfende Stab *AB* ist in *A* an der Mauer befestigt und verläuft parallel der Weltachse. Er wird durch die Streben *BC* und *BD* in dieser Lage festgehalten. Der Schatten *AB'* zeigt in der Abbildung 10¾ Uhr.

Die ersten *Räderuhren* waren noch sehr primitiv und hatten einen sehr ungleichmäßigen Gang, da die Regulierung des Ganges noch nicht durch das gleichmäßig schwingende Pendel erfolgte, sondern durch ein waagebalkenartiges Schwingungssystem, dessen Schwingungsdauer stark durch Zufälligkeiten, wie Reibungsänderungen, Schwerpunktverlagerungen usw., verändert werden konnte. Das *Pendel*, das auch bei den modernen Standuhren als „Regulator" verwendet wird, wurde in der Uhrentechnik erst eingeführt, nachdem *Galilei* (1602) die Gesetze der Pendelschwingungen erforscht hatte. Schon vorher (um 1500) erfand der Nürnberger Mechaniker Peter *Henlein* die *Taschenuhr*, deren Schwingungssystem aus einem zwischen zwei Schweinsborsten federnd aufgehängten Waagebalken bestand. Diese Vorrichtung war die Vorläuferin der *Unruhe* unserer heutigen Taschenuhren und Schiffschronometer, die 1658 von dem Engländer *Hooke* erfunden wurde.

Die moderne Entwicklung der Uhrentechnik, die wir nur in ganz großen Zügen streifen können, zielt auf eine immer größere Präzision der Zeitmessung ab. Die Pendeluhren werden besonders dadurch verbessert, daß man ihren Gang in weitem Maße unabhängig von der Temperatur gestaltet. Bei hohen Temperaturen dehnt sich die Pendelstange aus, das Pendel schwingt daher langsamer, und die Uhr geht nach; bei tiefer Temperatur tritt dagegen eine Gangbeschleunigung ein. Man versucht auf verschiedene

Weise, diesen Übelstand zu beseitigen: etwa dadurch, daß man das Pendel aus einem Metall von sehr kleinem Ausdehnungsvermögen (z. B. Nickelstahl) herstellt oder aus mehreren in geeigneter Weise zusammengesetzten Stäben aus verschiedenen Metallen, derart, daß bei Temperaturänderungen der Schwerpunkt des ganzen Systems die gleiche Entfernung vom Aufhängungspunkt behält (Rostpendel). Ferner ist man bestrebt, die Schwingung des Pendels möglichst frei von Einflüssen der Reibung zu machen, indem man es durch geeignete Konstruktion vermeidet, das Pendel unnötige Arbeit leisten zu lassen. Die genauesten Pendeluhren finden wir auf den modernen Sternwarten — sie sind nicht nur mit den genannten Verbesserungen ausgestattet, sondern häufig auch in Räumen untergebracht, in denen während des ganzen Jahres die Temperatur konstant gehalten wird oder, wo dies nicht möglich ist, doch die starken täglichen Temperaturschwankungen, die den Uhren besonders schädlich sind, ferngehalten werden. Die Pendel dieser Uhren schwingen zudem in abgeschlossenen Behältern, die luftleer gepumpt werden können, damit der Luftwiderstand, der die Pendelbewegung beeinflußt, ausgeschaltet oder wenigstens stark vermindert wird.

Der moderne Zeitdienst. Auch die Normaluhren der Sternwarten erreichen trotz ihrer großen Genauigkeit nicht das Vorbild, das uns die Natur in der Umdrehung der Erde um ihre Achse gegeben hat — wir sind vielmehr darauf angewiesen, diese Uhren immer wieder nach dem Lauf der Gestirne zu stellen. „Stellen" ist allerdings ein nicht ganz zutreffender Ausdruck. Der Astronom pflegt seine Uhren nur sehr selten und auch dann nur ungern zu stellen, denn jede künstliche Veränderung an ihnen bedeutet einen Eingriff in ihren empfindlichen Mechanismus, der selten ohne unliebsame Folgen ist. Die astronomischen Uhren, die meist nach *Sternzeit* gehen, werden daher nicht gestellt, auch wenn sie falsch gehen, sondern nur bei jeder sich bietenden Gelegenheit mit der himmlischen Uhr, der täglichen Drehung der Fixsternsphäre, *verglichen*.

Der Unterschied der durch Sternbeobachtung ermittelten Sternzeit gegen die Angabe der Uhr heißt der *Uhrstand* — er wird nach jeder astronomischen Zeitbestimmung in einer Liste, dem Uhrenbuch, genau vermerkt. Bleibt der Uhrstand Tag für Tag derselbe, so heißt das, daß die Uhr genau so schnell geht wie die himmlische

Normaluhr. Ändert sich dagegen der Uhrstand im Laufe der Zeit, so ist sie falsch reguliert, sie „verliert" oder „gewinnt". Die tägliche Änderung des Uhrstandes heißt der *Uhrgang*. Für die Güte einer astronomischen Uhr ist der Gang selbst nicht maßgebend, er kann nötigenfalls durch kleine Gewichtsstücke, die auf den Pendelkörper aufgelegt werden, auf ein erträgliches Maß herabgedrückt werden. Wichtig ist dagegen, daß der Gang über längere Zeiträume hinweg konstant bleibt, d. h. sich nicht ändert. Dann ist man nämlich in der Lage, für jeden Zeitpunkt zwischen zwei Zeitbestimmungen die Mißweisung der Uhr genau zu *berechnen*, so daß man also jederzeit die genaue Zeit durch Anbringen einer Korrektur an die abgelesene Uhrzeit ermitteln kann. Schwankungen oder gar sprunghafte Änderungen des Ganges (wie sie z. B. durch Erschütterungen der Uhr hervorgerufen werden) vermindern dagegen den Wert der Zeitangaben oft beträchtlich.

Die *Zeitbestimmung*, d. h. der unmittelbare Vergleich einer nach Sternzeit regulierten Arbeitsuhr mit der großen Sternenuhr selbst, geschieht in der Weise, daß die Zeit des Durchganges von Fixsternen durch die Meridianlinie des Himmels mit besonders für diesen Zweck eingerichteten Fernrohren, sogenannten Meridianinstrumenten, beobachtet und nach den Angaben der Arbeitsuhr registriert wird. Für solche Zeitbestimmungen, die im „Zeitdienst" der modernen Sternwarten fortlaufend ausgeführt werden, benutzt man hellere Fixsterne, deren Lage an der Himmelskugel sehr genau vermessen ist, und deren Durchgangszeiten durch den Meridian daher bekannt und in den astronomischen Jahrbüchern aufgezeichnet sind. Durch die Beobachtung solcher Sterne, die als „Fundamentalsterne" bezeichnet werden, sind die Astronomen imstande, die Abweichungen einer Uhr bis auf Hundertstelsekunden genau zu bestimmen.

Ungleichförmigkeiten der Erdrotation. Die Frage nach der unbedingten Zuverlässigkeit der „Himmelsuhr", also nach der absoluten Regelmäßigkeit der Erdrotation, die wir bisher immer stillschweigend voraussetzten, haben wir noch offengelassen. Zweifel an dieser Grundtatsache unserer Zeitmessung sind schon seit langem laut geworden. So lassen gewisse Abweichungen, die die Bewegung des *Mondes* von der theoretisch zu erwartenden Bahn zeigt, die Erklärung zu, daß die Zeiteinheit, also die Rotationszeit der Erde, sich im Laufe der Jahre und Jahrzehnte ändert, wenn auch nur um ganz geringfügige Beträge. Es leuchtet wohl ein, daß man derartige Gangänderungen der Erduhr nur dann einwandfrei nachweisen könnte, wenn es gelänge Uhren zu schaffen, deren Gang so regelmäßig ist, daß man sich lange Zeit hindurch — über Monate und Jahre — auf seine Unveränderlichkeit verlassen kann. Wenn dann eine solche Uhr, oder besser mehrere derartige Uhren in gleicher Weise, bei astronomischen Zeitvergleichungen allmähliche oder sprunghafte Gangänderungen zeigen, dann kann das nicht an den Uhren liegen, sondern hat seinen Grund in Änderungen der Rotationszeit der Erde selbst.

Vor nicht langer Zeit ist es nun gelungen, solche wunderbaren Uhren zu bauen — die *Quarzuhren*, in denen die Umdrehungen eines elektrisch betriebenen Kreisels durch Schwingungsvorgänge in Quarzkristallen gesteuert und dadurch mit einer bisher unerreichten Genauigkeit konstant gehalten werden. Mit Hilfe der Quarzuhren ist es möglich, die Umdrehungsgeschwindigkeit unseres Planeten genau unter Kontrolle zu halten. — Es wird allerdings noch langjähriger Beobachtungen bedürfen, bis über diesen Punkt völlige Sicherheit herrscht. Wahrscheinlich ist es, daß die Rotationsdauer der Erde langsam zunimmt, der Tag also länger wird — das Tempo der Verlangsamung der Erddrehung dürfte allerdings die Größenordnung einer Sekunde im Jahrhundert kaum wesentlich übersteigen. Über die Ursachen einer solchen allmählichen Abbremsung der Erddrehung werden wir im letzten Kapitel dieses Buches noch einiges erfahren. Außer der stetig fortschreitenden Änderung der Tageslänge sind auch mehr oder weniger unregelmäßige Schwankungen denkbar, die von Massenverlagerungen im Erdkörper und an seiner Oberfläche herrühren. Solche Veränderungen, die durch die bisherigen Erfahrungen mit Quarzuhren bestätigt werden, sind aber geringfügig und werden uns niemals davon abhalten, unsere Uhren nach der Umdrehung der Erde um ihre Achse zu stellen.

Die Zeitgleichung. Im Laufe der vorstehenden Betrachtungen haben wir drei verschiedene Arten der Zeitmessung und Zeiteinteilung kennengelernt; sie lieferten uns als Zeiteinheiten den Sterntag, den mittleren Sonnentag und den wahren Sonnentag. Der Sterntag spielt im gewöhnlichen Leben keine Rolle, seine

Bedeutung liegt aber darin, daß er unmittelbar auf der Beziehung zwischen der rotierenden Erde und dem gesamten sie umgebenden Weltganzen beruht. Ein Sterntag ist die Zeit, in der sich die Erde in bezug auf den als ruhend angesehenen sternerfüllten Weltraum einmal um ihre Achse dreht. Im bürgerlichen Leben teilen wir aber die Zeit nicht nach dem Stand der Sterne, sondern nach dem der Sonne ein: der wahre Sonnentag, der uns streng durch den Stand der Sonne am Himmel gegeben ist, erfüllt diese Forderung am besten — seine Festsetzung und Einteilung wird in vollkommenster Weise durch die Sonnenuhr vermittelt, die z. B. immer dann 12 Uhr mittags anzeigt, wenn die Sonne genau im Süden steht, also ihren höchsten Stand erreicht hat und die Meridianlinie überschreitet. In einer Zeit, als es den Menschen nicht darauf ankam, ihre Zeitangaben genauer als auf Viertelstunden zu machen, taten diese Uhren vollauf ihre Dienste. Heute stellen wir sehr viel größere Ansprüche an die Genauigkeit der Uhrzeit, und darum benutzen wir die mittlere Sonnenzeit, die gewissermaßen einen Kompromiß zwischen der genauen, aber vom Sonnenlauf unabhängigen Sternzeit und der nach der Sonne orientierten, aber ungleichmäßig ablaufenden und daher mit der Angabe gleichmäßig gehender Uhren nicht in Einklang zu bringenden wahren Sonnenzeit darstellt.

Die mittlere Sonnenzeit ist ein gleichmäßig fortschreitendes Zeitmaß wie die Sternzeit; ihre Einheit, der mittlere Sonnentag, ist aber, wie wir schon feststellten, etwas länger als der Sterntag und so abgemessen, daß er gleich dem Durchschnittswert des veränderlichen wahren Sonnentages ist. An die Stelle der wahren Sonne, deren Bewegung am Himmel wir unmittelbar verfolgen, ist gewissermaßen eine gedachte (mittlere) Sonne gesetzt, die sich gleichmäßig bewegt, und zwar so, daß ihr die wahre Sonne mit ihrer veränderlichen Geschwindigkeit bald voraneilt, bald nachfolgt, sich aber niemals weit von ihr entfernt. Den Unterschied zwischen der wahren und der mittleren Sonnenzeit nennt man die *Zeitgleichung*.

Die Zeitgleichung ist im Laufe eines Jahres viermal gleich null (siehe Abb. 19) — an diesen Tagen zeigt die Sonnenuhr die mittlere Sonnenzeit genau an. Ist die Zeitgleichung positiv, so heißt das, daß die wahre Zeit weiter fortgeschritten ist als die mittlere, die Sonnenuhr geht also vor. Ist dagegen die Zeitgleichung negativ, so geht die Sonnenuhr nach. Wenn man demnach eine Sonnenuhr abliest, so braucht man nur die Zeitgleichung, die für den betreffenden Tag gilt, zu berücksichtigen, um die mittlere Sonnenzeit zu erhalten (d. h. abzuziehen, wenn die Zeitgleichung positiv, hinzuzufügen, wenn sie negativ ist).

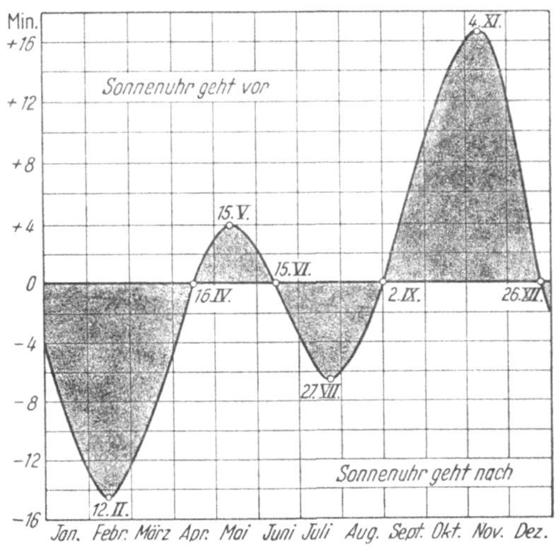

Abb. 19. Verlauf der Zeitgleichung während eines Jahres. Die Zeitgleichung muß von den Angaben der Sonnenuhr (wahre Ortszeit) abgezogen werden, wenn man die mittlere Ortszeit erhalten will.

Ortszeit und Zonenzeit. Alle Zeitangaben, ob sie nun nach Sternzeit, mittlerer oder wahrer Sonnenzeit gegeben sind, sind eng mit dem Ort verknüpft, an dem man die Gestirne zwecks Zeitbestimmung beobachtet. Wir zählen o Uhr Sternzeit, wenn ein bestimmter Punkt des Fixsternhimmels, der Frühlingspunkt, durch den Meridian des Beobachtungsortes geht. Bei der Sonnenzeit tritt an die Stelle des Frühlingspunktes die mittlere bzw. die wahre Sonne, die (wenn wir die Tage von Mitternacht ab zählen) um 12 Uhr den Meridian passiert. Der Meridian ist aber fest mit dem Beobachtungsort verbunden — er stellt eine Ebene dar, die senkrecht auf dem Horizont des Beobachtungsortes steht und von Norden nach Süden orientiert ist.

Jeder Ort der Erdoberfläche hat seinen eigenen Meridian *und daher auch seine eigene Zeit* — nur solche Orte, die auf dem gleichen Längenkreis liegen, deren Verbindungslinie also nörd-südlich verläuft, haben den gleichen Meridian und daher die gleiche Zeit. Wir haben schon im vorigen Kapitel diese Eigentümlichkeit festgestellt, als von der allseitigen Krümmung der Erdoberfläche die Rede war. Wenn wir nach Westen reisen, so macht sich die Erdkrümmung dadurch bemerkbar, daß die Gestirne später auf- und untergehen (Abb. 20). Gleichzeitig stellten wir fest, daß diese Erscheinung nur dadurch meßbar zu verfolgen ist, daß wir eine zuverlässige Uhr auf die Reise mitnehmen. Sonnenuhren sind für diesen Zweck natürlich unbrauchbar, weil sie ja überall, wo sie aufgestellt werden, die Ortszeit angeben. Pendeluhren sind ebenfalls ungeeignet, weil sie einen festen Standort

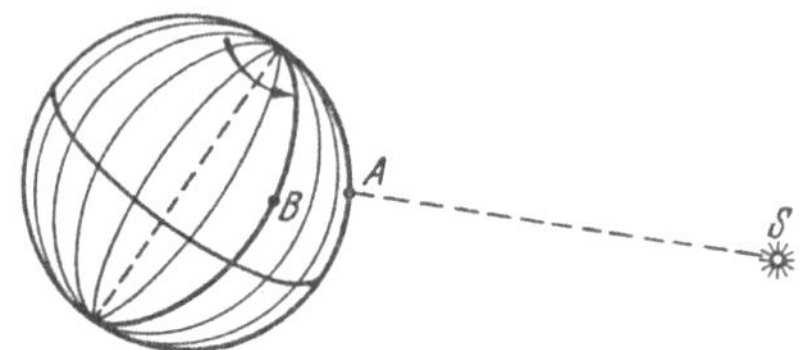

Abb. 20. Die Ortszeit ist von der geographischen Länge abhängig. Der Stern *S* steht in dem durch die Abbildung wiedergegebenen Zeitpunkt im Meridian von *A*. Durch den Meridian von *B* wird er erst dann gehen, wenn durch die Erddrehung (in der Pfeilrichtung) der durch *B* gehende Längenkreis in die Lage des Längenkreises von *A* übergeführt worden ist. Bedeutet *S* die *Sonne*, so ist im Zeitpunkt der Zeichnung für *A* wahrer Mittag, für *B* erst einige Stunden später.

brauchen und Ortsveränderungen (auch Schiffsreisen wegen der schlingernden Bewegungen der Schiffe) nicht vertragen. Gute Taschenuhren und Schiffschronometer, also Uhren, die durch eine Unruhe reguliert werden, halten dagegen bei Reisen nach Westen oder Osten die Ortszeit des Ausreiseortes und ermöglichen daher am Zielort einen Vergleich der Ortszeiten an beiden Punkten.

Wir werden auf diese Erscheinung im nächsten Kapitel noch zurückkommen. Hier interessiert uns die Tatsache, daß die unmittelbar am Himmel abgelesene Zeit ortsgebunden ist, und daß daher an zwei verschiedenen Orten — wenn sie nicht gerade auf dem gleichen Längengrad liegen — die Uhren verschieden gehen müßten. Das war in früheren Jahrhunderten auch tatsächlich der Fall. Heute wäre ein solcher Zustand undenkbar — wir brauchen nur an den Eisenbahnverkehr zu denken, der zu seinem regelmäßigen

Ablauf eine Zeitrechnung erfordert, die wenigstens innerhalb großer Gebiete einheitlich ist. Man ist daher seit den 80er Jahren des vorigen Jahrhunderts dazu übergegangen, sogenannte *Zonenzeiten* einzuführen, die für ein ganzes Land gültig sind. Für das Deutsche Reich gilt seit 1893 allgemein die *mitteleuropäische Zeit*, die gleich der Ortszeit des 15. Längengrads östlich von Greenwich ist. Seitdem ist es nicht mehr notwendig, die Uhr zu stellen, wenn man von Aachen nach Königsberg fährt, obwohl die Ortszeiten dieser beiden Städte ungefähr um eine Stunde verschieden sind.

Die mitteleuropäische Zeit (MEZ.) ist, außer in Deutschland, in allen Ländern eingeführt worden, die sich um den 15. Längenkreis gruppieren, also z. B. in den skandinavischen Ländern, in der Schweiz, den Niederlanden und in Italien. In den westeuropäischen Ländern (England, Frankreich, Belgien, Spanien und Portugal) richtet man sich nach der Ortszeit des Nullmeridians von Greenwich, die als westeuropäische Zeit (WEZ.) bekannt ist. In großen Ländern, die eine weite ost-westliche Ausdehnung haben, wie z. B. in Rußland und den Vereinigten Staaten von Nordamerika, läßt sich die einheitliche Zeit nicht einrichten, da die Ortszeitunterschiede in Ost und West allzu groß sind. So gibt es in Nordamerika fünf Zonenzeiten, nach den Meridianen 75^0, 90^0, 105^0, 120^0 und 135^0 westlicher Länge, deren Ortszeiten sich jeweils um eine Stunde unterscheiden.

Die Zonenzeiten bieten den Vorteil, daß man sich wenigstens innerhalb eines und desselben Landes oder eines weiten Gebietes nach der gleichen Uhrzeit richten kann. An sich könnte man natürlich sehr gut auch für die ganze Erde eine Normalzeit schaffen, also etwa die des Nullmeridians (der durch die Sternwarte von London-Greenwich geht). Die Wissenschaft hat das längst getan — in der Astronomie z. B. werden, vor allem im internationalen Beobachtungsaustausch, alle Daten in dieser Normalzeit ausgedrückt, die man als „Weltzeit" (WZ.) besonders kennzeichnet. Im bürgerlichen Leben würde die Einführung der Weltzeit wohl auf erhebliche Schwierigkeiten stoßen, da sie nur in den Ländern, die in der Nähe des Nullmeridians liegen, noch eine merkliche Beziehung zum Lauf der Sonne hätte, während die Amerikaner sich daran gewöhnen müßten, daß es 12 Uhr wäre, wenn sie morgens aufwachen.

Beweise für die Erddrehung. Alle Beziehungen zwischen Himmel und Erde, die zur Definition des Zeitmaßes und zur Technik der Zeitmessung führen, wären in genau der gleichen Weise gültig, wenn wir von der vorkopernikanischen Anschauungsweise ausgingen, daß die Erde ruht und der Fixsternhimmel als riesige Kugelschale in einem Sterntage um die Weltenachse rotiert. Im ersten Kapitel haben wir gelernt, daß diese Vorstellung mit der Gesamtheit des modernen Weltbildes nicht mehr vereinbar ist — es wäre widersinnig anzunehmen, daß sich eine ganze unendliche Welt um ein so kleines Staubkörnchen dreht, wie es unsere Erde nun einmal ist.

Dieser Schluß ist für uns deswegen so zwingend, weil wir in der Lage gewesen sind, uns über Größe und Struktur des Weltgebäudes sicher zu unterrichten. Das aber konnten wir auch nur, weil wir durch das Licht der Gestirne Kunde von den fernen Welten des Raumes erhalten und somit ständig in Fühlung mit den Ereignissen außerhalb unseres Planeten stehen. Wir brauchen uns nur vorzustellen, daß unsere Erde ständig — so wie wir es bei einigen anderen Himmelskörpern (z. B. der Venus) beobachten — in eine dichte Wolkendecke eingehüllt wäre, und uns somit der Einblick in die Tiefen des Raumes verwehrt bliebe. Es wäre gar nicht abzusehen, was für einschneidende Folgen ein solcher fast geringfügig zu nennender Umstand für die Entwicklung der menschlichen Kultur gehabt haben würde. Wahrscheinlich würde auch ohne die Möglichkeit astronomischer Forschung eine Kultur entstanden sein, aber wenn wir auch nicht wissen können, wie sie im einzelnen ausgesehen hätte, so wissen wir doch, daß sie ganz andere Wege hätte gehen und zu ganz anderen Zielen und Ergebnissen hätte gelangen müssen. Es mag dichterischer Phantasie überlassen bleiben, sich diese Wege und Ziele auszumalen und das Leben einer Menschheit zu schildern, die von den Wechselwirkungen zwischen Erde und Kosmos nur das Wenige zu spüren bekommt, das ohne Vermittlung des Lichtstrahls ihren Sinnen zugänglich ist.

Würde der Mensch unter so erschwerenden Umständen imstande sein, die Drehung der Erde um ihre Achse zu erkennen?

Wir müssen diese Frage grundsätzlich bejahen, denn es gibt in der Tat eine ganze Anzahl von Naturerscheinungen, die ihre einfachste Erklärung durch die Rotation des Erdkörpers finden. Der

bekannteste physikalische Beweis für die Erdumdrehung ist der
Foucaultsche Pendelversuch: Läßt man ein (möglichst langes und
schweres) Pendel frei schwingen, so behält die Schwingungsebene
ihre ursprüngliche Lage nicht
bei, wie es nach dem Galilei-
schen Gesetze der Trägheit
zu erwarten wäre, sondern
dreht sich langsam und gleichmäßig. Würde dieser Versuch
am Nordpol ausgeführt werden (Abb. 21), so würde die
Ebene der Pendelschwingung
im Laufe eines Sterntages eine
volle Drehung in ost-westlicher Richtung ausführen.
In Wirklichkeit bleibt die
Schwingungsebene im Raum
dieselbe, die Drehung ist nur
scheinbar: die Erde dreht sich
unter dem Pendel in entge-
gengesetzter Richtung. Am
Äquator tritt dieser Effekt
nicht in Erscheinung, in mittleren Breiten nur mit einem
geringeren Betrage. *Foucault*
führte diesen Versuch 1851
im Pantheon zu Paris aus.

Ein weiterer physikalischer
Beweis der Erdrotation beruht ebenfalls auf dem Trägheitsgesetz: Läßt man einen
schweren Körper in einen
tiefen Schacht hineinfallen, so

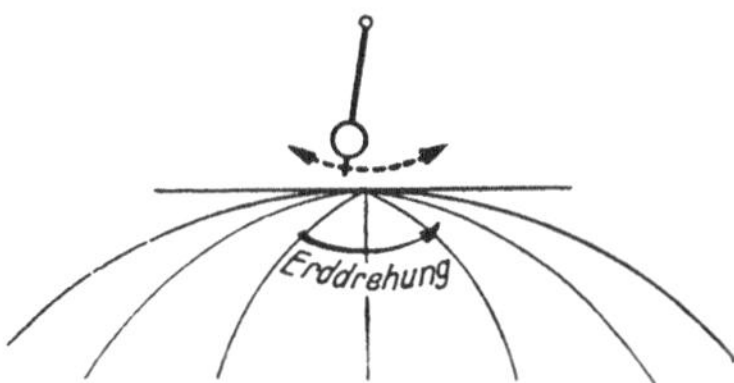

Abb. 21. Foucaultsches Pendel (auf dem Nordpol). Das Pendel behält seine Schwingungsebene im Raume, die hier mit der Zeichenebene zusammenfällt, ständig bei. Die Erde dreht sich unter dem Pendel hinweg, infolgedessen scheint es dem Beobachter, als drehe sich die Schwingungsebene in entgegengesetztem Sinne.

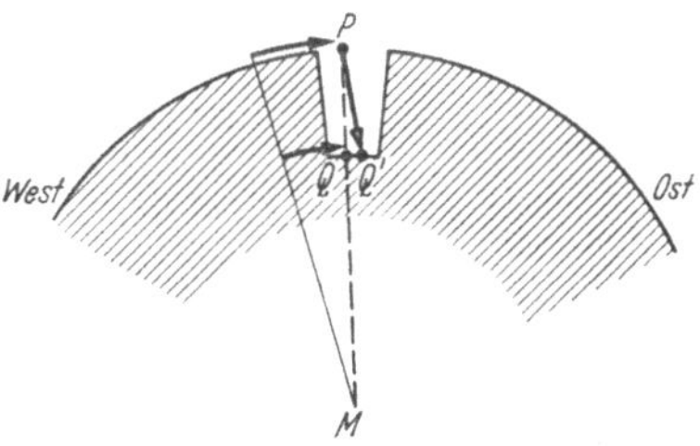

Abb. 22. Läßt man von *P* aus einen Stein in einen tiefen Schacht fallen, so fällt er nicht lotrecht nach *Q*, sondern etwas weiter östlich nach *Q'*, denn die west-östliche Geschwindigkeit durch die Erddrehung nimmt mit der Tiefe ab, wie die beiden Pfeile zeigen, der Stein behält aber während des Falls infolge der Trägheit die größere seitliche Geschwindigkeit bei.

würde er bei ruhender Erde genau senkrecht unter dem Punkt,
von dem aus der Fall begann, auf den Boden aufschlagen. In
Wirklichkeit ergibt sich aber eine geringe Abweichung nach
Osten, die auf die Erdrotation zurückzuführen ist (Abb. 22). Der
Anfangspunkt der Fallbewegung ist nämlich etwas weiter von der

Erdachse entfernt als der Endpunkt. Der fallende Körper bringt daher infolge der Erddrehung eine etwas größere westöstliche Bewegung mit, als unten herrscht, und behält diesen Geschwindigkeitsüberschuß nach dem Gesetz der Trägheit während des Falles bei. Dieser Effekt wird, umgekehrt wie beim Foucaultschen Pendelversuch, am Äquator am größten sein, an den Polen der Erde jedoch verschwinden.

Weitere Experimente dieser Art macht die Natur selbst: Das Auftreten der Passatwinde in den subtropischen Breiten mit ihren charakteristischen Windrichtungen (Abb. 23), die Wirbelbewegungen in den Zyklonen (Gebieten tiefen Luftdrucks) der gemäßigten Zonen, die auf der nördlichen Halbkugel entgegengesetzt dem Uhrzeigersinn, auf der Südhalbkugel aber im Uhrzeigersinn vor sich gehen, lassen sich zwanglos erklären, wenn man eine Rotation der Erde voraussetzt, während sich sonst ein vernünftiger Grund für diese und ähnliche Erscheinungen nicht angeben ließe.

Daß die Erde sich dreht, ist demnach eine Tatsache, für die ein Physiker auch ohne den Augenschein zwingende Gründe ins Feld führen könnte. Es darf aber nicht übersehen werden, daß alle diese Beweise erst geführt worden sind, nachdem über den Vorgang der Erddrehung selbst auf Grund des gesamten Weltbildes kein Zweifel mehr herrschte. Auch sind die physikalischen Gesetze, auf denen die Beweise beruhen, nicht unabhängig von der astronomischen Erkenntnis der Weltzusammenhänge gefunden worden; die Entwicklung der Astronomie hat vielmehr auf die Entwicklung der Physik maßgeblichen Einfluß gehabt. Es ist wesentlich leichter, eine einmal als richtig erkannte Tatsache an Erscheinungen

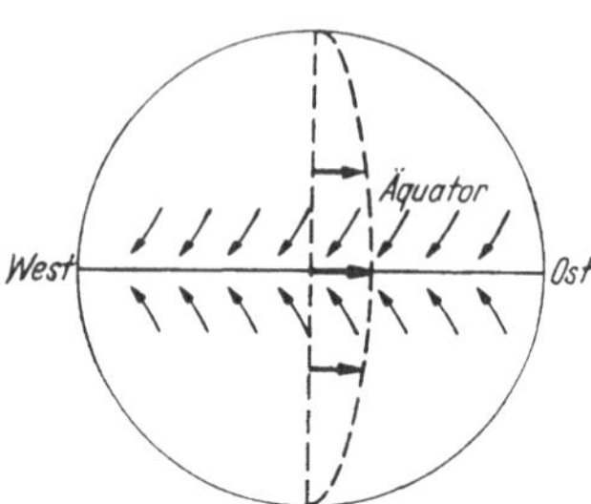

Abb. 23. Entstehung der Passatwinde: Infolge der starken Erwärmung am Äquator werden beständig Luftmassen aus den subtropischen Gebieten nach dem Äquator zu angesaugt. Bei ruhender Erde würden die dadurch entstehenden Winde genau aus Norden bzw. Süden wehen. Da sich aber die Erde dreht und die Drehgeschwindigkeit in den höheren Breiten geringer ist als am Äquator (siehe die Pfeile), bringen diese Luftmassen eine kleinere Geschwindigkeit mit und bleiben daher gegen die Erddrehung zurück. So entstehen also Nordost- bzw. Südostwinde.

zu bestätigen, die notwendige Folgerungen dieser Tatsache sind, als auf Grund dieser Erscheinungen selbst (besonders wenn sie so unauffällig sind wie die obengenannten) das ihnen zugrunde liegende Gesetz erst abzuleiten.

IV. Die Orientierung auf der Erdoberfläche

Die selbstverständliche Voraussetzung für die Beherrschung des Erdballs durch das Menschengeschlecht war die genaue Kenntnis seiner Oberfläche. Die Erforschung der Erdoberfläche, deren kugelförmige Gestalt ja seit dem Altertum bekannt war, ist erst in den letzten Jahrhunderten vollendet worden — heute sind die bekannten weißen Flecke auf der Erdkarte (die noch vor hundert Jahren eine erhebliche Ausdehnung hatten) bis auf geringe Reste verschwunden.

Ungeheure Forscherarbeit ist geleistet worden, um die Gestaltung der Erde nicht nur ihrer geometrischen Form nach, sondern in allen ihren Einzelheiten festzulegen und kartenmäßig aufzuzeichnen. Wir denken dabei an die Kriegszüge Alexanders und Cäsars, die einen großen Teil der Alten Welt aufschlossen, an die kühnen Seereisen des Vasco da Gama, des Kolumbus und anderer Weltentdecker, an die modernen Forschungsreisen in allen Erdteilen und an die Eroberung der schwer zugänglichen Polargebiete. Wir dürfen aber auch die weniger gefahrvolle, doch schwierige und zeitraubende Kleinarbeit nicht vergessen, die in der genauen Vermessung und kartographischen Aufnahme der Kulturländer steckt, und die uns die zuverlässigen Karten liefert, nach denen sich der Reisende und der Wanderer in allen Weltteilen zurechtfindet.

Bevor es diese Karten gab, war der Reisende auf andere Mittel angewiesen, sich auf der Erde zu orientieren — er mußte seinen Weg nach den Wegweisern suchen, die die Natur ihm selbst aufgerichtet hat. Heute noch ist der Forscher in wenig bekannten Gegenden, deren geographische Erschließung er vollenden soll, auf diese natürlichen Hilfsmittel angewiesen. Auch der Seemann kann nicht ohne weiteres nach der Karte fahren, denn das Wasser bietet dem Auge keine Anhaltspunkte. Wenn er nicht seinen Weg in Sichtweite der Küste sucht, oder wenn nicht Inseln, Leuchttürme und Feuerschiffe die Orientierung erleichtern, muß er seine Zuflucht zu den Gestirnen des Himmels nehmen, aus deren Stand und Bewegung er den Ort seines Schiffes abzulesen gelernt hat. Es gibt kaum ein eindringlicheres Beispiel für die Abhängigkeit des Menschen vom Geschehen des Kosmos als die Verbundenheit zwischen Seefahrt und astronomischer Beobachtungskunst. Erst in neuester Zeit beginnt sich diese Abhängigkeit stark zu lockern: im Zeitalter der drahtlosen Telegraphie stellt der *Bordfunker* die Verbindung zwischen Schiff und Umwelt her, die sonst die Gestirne vermittelten.

Das Gradnetz der Erde. Wenn wir einen *Globus*, das verkleinerte Abbild der Erdkugel, betrachten, so sehen wir ihn mit einem Netz von sich rechtwinklig schneidenden Linien überzogen, dem *Gradnetz*. Die Einrichtung dieses Gradnetzes darf hier als bekannt vorausgesetzt werden: Zwei Punkte der Erdkugel sind besonders ausgezeichnet, die Pole (Nord- und Südpol), deren Verbindungslinie die Rotationsachse der Erde ist. In ihnen laufen die *Längenkreise* (Meridiane) zusammen, deren Richtung in jedem Punkt der Erdoberfläche nord-südlich verläuft. Senkrecht zu ihnen, in ost-westlicher Richtung, laufen die *Breitenkreise*, deren Ebenen zueinander parallel und zur Erdachse senkrecht verlaufen. Im Gegensatz zu den Längenkreisen haben die Breitenkreise verschiedene Durchmesser — der größte unter ihnen ist der *Äquator*, der die ganze Erde in eine nördliche und eine südliche Halbkugel teilt.

Breiten- und Längenkreise sind in bekannter Weise numeriert: jeder Ort der Erdoberfläche ist seiner Lage nach bestimmt, wenn die Maßzahl des Breiten- und des Längenkreises angegeben wird, auf dem er liegt. Diese Maßzahlen sind die *geographische Breite* und die *geographische Länge*. Nur die beiden Pole haben keine geographische Länge, weil in ihnen sämtliche Längenkreise zusammenlaufen — sie sind durch die Angabe: 90^0 nördliche bzw. südliche Breite völlig gekennzeichnet. Am Äquator ist die Breite 0^0; die längs eines Längenkreises gemessene Strecke zwischen Äquator und Pol, der *Erdquadrant*, wird demnach in 90 Grad eingeteilt. Aus dem zweiten Kapitel wissen wir, daß diese Strecke ziemlich genau 10000 km mißt, die durchschnittliche Entfernung zweier Breitengrade ist demnach der 90. Teil davon, nämlich $111^1/_9$ km.

Ein Grad Breite wird in 60 *Bogenminuten* eingeteilt, die durchschnittliche Länge einer Bogenminute ist also rund 1852 m — der Seemann benutzt diese Länge gern als Maßeinheit und nennt sie eine *Seemeile*. Die Bogenminute wiederum wird in 60 *Bogensekunden* eingeteilt; die Länge einer Bogensekunde auf der Erdkugel beträgt somit nahezu 31 m.

Bestimmung der geographischen Breite. Auf festem Lande ist die Bestimmung der geographischen Breite eines Ortes durch fest aufgestellte astronomische Meßinstrumente mit außerordentlich großer Genauigkeit möglich. Die geographische Breite eines Ortes ist ja, wie wir bereits aus dem zweiten Kapitel wissen, gleich der Höhe des Himmelspols über dem Horizont, ausgedrückt in Winkelmaß (der rechte Winkel = 90⁰ gesetzt). Am Nordpol befindet sich der nördliche Himmelspol im Zenit, also in einer Höhe von 90⁰ über dem Horizont; am Äquator stehen beide Himmelspole im Horizont, ihre Höhe ist demnach 0⁰. In

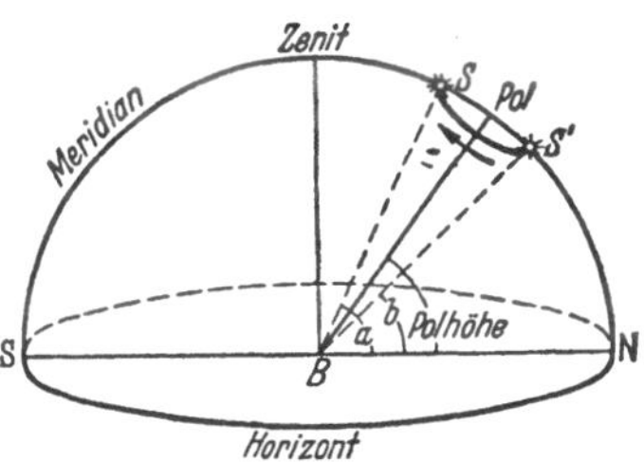

Abb. 24. Bestimmung der Polhöhe aus Zirkumpolarstern-Höhen. Der polnahe Stern (Zirkumpolarstern) durchläuft die Meridianlinie des Himmels täglich zweimal (bei S und S'). Die beiden zugehörigen Höhen sind a und b. Die Polhöhe (geographische Breite) des Beobachtungsorts B ist dann $= \frac{1}{2}(a+b)$.

mittleren Breiten läßt sich die Polhöhe etwa so bestimmen, daß man einen Stern in der Nähe des Himmelspols beobachtet, etwa den Polarstern, der nur rund 1⁰ vom Nordpol des Himmels entfernt steht. Mißt man seine Höhe zu den beiden Zeiten, in denen er genau über und genau unter dem Himmelspol steht (infolge der täglichen Drehung der Himmelskugel liegen diese beiden Zeiten 12 Sternzeitstunden auseinander), so ist die halbe Summe dieser beiden Höhen der geographischen Breite gleich (Abb. 24).

Allerdings muß man hierbei noch berücksichtigen, daß der vom Stern zu uns gelangende Lichtstrahl die irdische Atmosphäre in schräger Richtung durchläuft und daher durch die Strahlenbrechung (Refraktion) vom geradlinigen Verlauf abgelenkt wird. Es ist leicht einzusehen, daß die beobachtete „scheinbare" Höhe des Sterns infolge dieser Ablenkung größer ist als die wahre: der

Stern erscheint gehoben, ähnlich wie wir einen am Grunde eines
Wasserbeckens liegenden Gegenstand gehoben sehen, wenn wir
schräg in das Wasser hineinblicken. Der Astronom, der die Polhöhe seines Beobachtungsortes bestimmen will, muß also die Wirkung der Strahlenbrechung berücksichtigen — eine Aufgabe, die
bei höchsten Genauigkeitsansprüchen nur unvollkommen lösbar

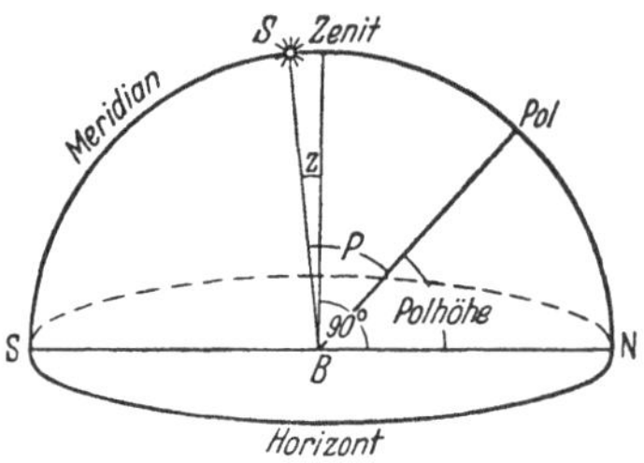

Abb. 25. Bestimmung der Polhöhe
durch Beobachtung von Zenit-
sternen. Der Stern S geht in Zenit-
nähe (in der Abbildung etwas südlich vom Zenit) durch den Meridian.
Seine Zenitentfernung z, ein kleiner Winkel, läßt sich sehr genau
messen. Die Winkelentfernung P
des Sterns vom Himmelspol ist aus
Sternkatalogen bekannt. Die Polhöhe ist dann, wie man unmittelbar
aus der Abbildung abliest,

$$= 90^0 + z - P.$$

ist, da die Strahlenbrechung in
sehr komplizierter Weise von
dem jeweiligen Zustand der Luft
(Temperatur, Dichte, Schichtung
usw.) abhängt. Er zieht es daher
vor, bei derartigen Messungen
Sterne zu benutzen, die auf ihrem
täglichen Wege in der Nähe des
Zenits seines Standortes vorbeigehen (Abb. 25) — der Lichtstrahl eines Zenitsterns durchläuft die Atmosphäre genau
senkrecht zu ihrer Schichtung
und ist deswegen den Einflüssen
der Strahlenbrechung nicht ausgesetzt.

Mit Hilfe der genauesten Meß-
fernrohre, die wir auf unseren
Sternwarten finden, läßt sich
die Polhöhe und damit die geographische Breite bis auf ein Hundertstel einer Bogensekunde festlegen — das bedeutet nach dem
oben Gesagten, daß der Standort des Instruments sich bis auf
einige 30 cm genau in das Gradnetz der Erdkugel einordnen läßt
— eine geradezu phantastische Genauigkeit, wenn wir die gewaltige Ausdehnung des Erdkörpers selbst danebenhalten.

Der Forscher in unerschlossenem Land und der Seemann auf
hohem Meer sind natürlich bei weitem nicht so anspruchsvoll wie
der Astronom auf seiner Sternwarte, dem seine Zahlenangaben nie
genau genug sein können. Der Forschungsreisende, der sich unterwegs über die geographische Breite seines Standorts unterrichten
will, hat höchstens ein kleines transportables Instrument zur Verfügung, ein sogenanntes *Universalinstrument,* mit dem er sowohl

Höhen der Gestirne als auch *Azimute*, d. h. soviel wie Himmelsrichtungen, bestimmen kann, und zwar mit Genauigkeiten, die
— je nach Güte des Instruments — zwischen zwei und zehn Bogensekunden liegen.

Der Seemann kann auch diese Instrumente nicht verwenden, da
sie eine feste Aufstellung beanspruchen, die ja das schwankende
Schiff nicht zu bieten vermag. Der Seemann benutzt daher ein

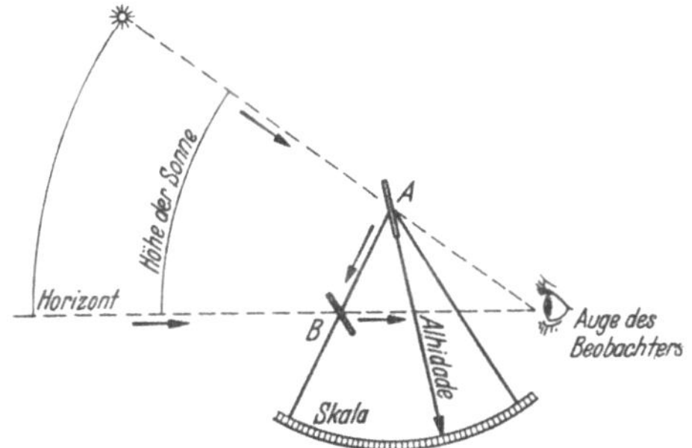

Abb. 26. Messung der Sonnenhöhe mit dem Sextanten. Der Sextant hat
2 Spiegel, einen festen (*B*) und einen beweglichen (*A*), der mit einem dreh-
baren Zeiger, der Alhidade, fest verbunden ist. Der Lichtstrahl von der Sonne
wird zuerst an *A*, dann an *B* reflektiert und gelangt so zum Auge des Beobachters. Wenn die Alhidade um den richtigen Winkel (der auf der Skala abzulesen ist) gedreht wird, sieht der Beobachter das Bild der Sonne (gespiegelt)
und den Horizont (direkt) in gleicher Richtung. Die Ablesung der Skala
ergibt dann die Höhe der Sonne.

Instrument, das er in der Hand halten kann — den *Spiegelsextanten*.
Durch ein System von Spiegeln ist es möglich, mit dem Sextanten
zwei Blickziele (etwa zwei Sterne), die in verschiedenen Richtungen
liegen, für das Auge zur Deckung zu bringen, indem man das
Spiegelbild des einen Zieles durch geschickte Haltung des Instruments und Drehung eines beweglichen Spiegels mit dem zweiten,
direkt anvisierten Objekt zusammenbringt (Abb. 26). Der Winkelabstand der beiden Objekte ist dann am Instrument unmittelbar
abzulesen.

Zur Bestimmung der geographischen Breite mittels des Sextanten beobachtet der Seemann fast auschließlich die Sonne während ihres höchsten Standes am Mittag. Ihre Höhe bestimmt er,
indem er im Blickfeld des Sextanten den Rand der Sonne mit der
Horizontlinie, der „Kimm“, zur Deckung bringt, die ja auf dem

Meere, wenn nicht gerade Nebel herrscht, immer scharf sichtbar ist. Da die Entfernung der Sonne vom Himmelspol für jeden beliebigen Zeitpunkt in den „Nautischen Jahrbüchern" des Seemanns aufgezeichnet ist, läßt sich aus der Messung der Mittagshöhe der Sonne durch eine äußerst einfache Rechnung die Breite ableiten (Abb. 27) — der Fehler einer Breitenbestimmung mit dem Sextanten wird im allgemeinen nur wenige Zehntel einer Bogenminute (Seemeile) betragen.

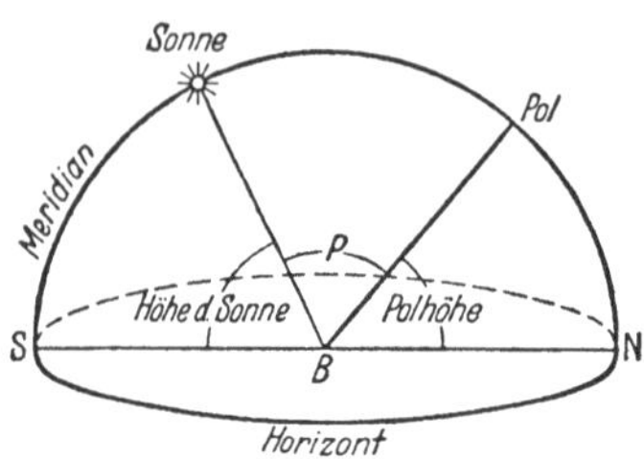

Abb. 27. So bestimmt der Seemann die Polhöhe: Er mißt die Höhe der Sonne über dem Meereshorizont am Mittag, wenn sie im Meridian ihren höchsten Stand erreicht. Die Polentfernung P der Sonne ist veränderlich, aber für jeden Zeitpunkt aus den Nautischen Jahrbüchern zu entnehmen. Die Polhöhe des Beobachtungsorts ist dann $= 180^0 - P -$ Sonnenhöhe.

Bestimmung der geographischen Länge. Größere Schwierigkeiten macht die Bestimmung der geographischen Länge, die neben der Breite zur vollständigen Beschreibung eines Standortes nötig ist. Die Längenkreise, deren Anordnung dem Globus ein Aussehen verleiht, das dem einer Apfelsine nicht unähnlich ist, werden von einem Ausgangsmeridian aus nach Westen und Osten um den halben Erdkreis herumgezählt — jede Zählung reicht also bis 180^0, da ein voller Kreis 360 Grad umfaßt. Als Nullmeridian wählt man heute allgemein den, der durch die Sternwarte in Greenwich (London) hindurchgeht — man unterscheidet also Längen östlich und westlich von Greenwich. Daneben haben noch andere Längenzählungen bestanden, die heute kaum noch verwendet werden — so die Längenzählung nach dem Meridian von Paris, der an die Zeit erinnert, als die Franzosen auf dem Gebiet der Erdmessung führend waren, oder die nach dem Meridian von Ferro, der westlichsten der Kanarischen Inseln (Vorteil: alle Ortsangaben der Alten Welt erhalten östliche Länge), schließlich die Längenzählungen nach Berlin, Washington, Moskau oder Tokio.

Die Schwierigkeit der Bestimmung der geographischen Länge beruht auf der eigentümlichen Art, in der die Länge sich in den Gestirnsbewegungen bemerkbar macht. Stellen wir uns vor, wir betrachten die sich um ihre Achse drehende Erde von einem festen Standpunkt im Weltraum. Von den Längenkreisen, die die Erdkugel überziehen, wollen wir uns jeden 15. ausgezogen denken, so daß also die Erde in 24 gleiche Sektoren (in Apfelsinenschnittenform) zerteilt erscheint. Zu Beginn unserer Beobachtung möge der Meridian von Greenwich gerade durch die Mitte der uns sichtbaren Erdscheibe gehen — im Verlauf einer Stunde wird sich infolge der Erddrehung das Bild so verschoben haben, daß an die Stelle dieses Meridians der nächste, nämlich der 15^0 westlich von Greenwich liegende, getreten ist.

Versetzen wir uns nun in die Lage der Erdbewohner zurück, so heißt das: ein außerirdisches Objekt, etwa ein Stern oder die Sonne, das sich zu einer bestimmten Zeit im Meridian eines Ortes befindet, wird eine Stunde später durch den Meridian derjenigen Orte gehen, deren Länge um 15^0 westlicher liegt. Auf dieser Tatsache beruht nun die astronomische Methode der Längenbestimmung: Wir beobachten die Zeiten des Meridiandurchgangs eines Gestirns an zwei Orten mit der gleichen Uhr (bzw. mit zwei Uhren, die genau miteinander verglichen werden). Die ermittelte Zeitdifferenz entspricht dem Unterschied der geographischen Längen, wobei 1 Stunde Zeit $= 15^0$ Länge zu setzen ist.

Bei dieser Methode ist vorausgesetzt, daß das an beiden Orten beobachtete himmlische Objekt in der Zwischenzeit seine Stellung am Himmel nicht geändert hat — diese Schwierigkeit fällt bei einer zweiten Methode fort, die darin besteht, daß man das gleiche Ereignis am Himmel gleichzeitig an beiden Orten beobachtet und seine Eintrittszeit nach Ortszeit bestimmt. Vorausgesetzt, daß die beiden Uhren die Ortszeit ihres Standortes genau anzeigen, ergibt der Unterschied der beiden Eintrittszeiten des Himmelsereignisses den geographischen Längenunterschied, wobei wiederum 1 Stunde $= 15^0$ Länge zu setzen ist. Für die Anwendung dieser Methode brauchen wir demnach zweierlei: erstens nach Ortszeit gehende Uhren (wir wissen aus dem vorigen Kapitel, daß es durch die Beobachtung der Meridiandurchgänge der Sonne oder heller Fixsterne immer möglich ist, die Ortszeit zu bestimmen und den Uhrstand der benutzten Uhr zu ermitteln), zweitens ein von beiden Orten aus gleichzeitig sichtbares Ereignis, dessen zeitlicher Eintritt natürlich scharf beobachtbar sein muß.

Solche Himmelserscheinungen gibt es in der Tat, sie sind aber leider ziemlich selten, also keineswegs immer zur Hand, wenn man sie braucht. So eignen sich für diesen Zweck z. B. die Verfinsterungen der vier großen Monde des Jupiter, die auf ihrer Bahn um den Zentralkörper durch den Schatten des Planeten hindurchgehen. Mit kleinen Fernrohren kann man den Eintritt der Monde in den Jupiterschatten leicht verfolgen — der Zeitpunkt der Verfinsterung ist zwar nicht sehr scharf ausgeprägt, da die Verdunkelung nicht plötzlich erfolgt — immerhin läßt sich die Zeit auf die Minute genau angeben. Da in den astronomischen Jahrbüchern die Verfinsterungszeiten der Jupitermonde für Weltzeit, also für Ortszeit des Nullmeridians angegeben sind, braucht ein Beobachter auf See oder in fernem Land nur die von ihm selbst festgestellte Ortszeit der Verfinsterung mit dem Jahrbuchwert zu vergleichen, um den Längenunterschied zwischen seinem Standort und dem Nullmeridian zu finden.

Wegen der Seltenheit dieser Ereignisse, die bestenfalls ein paarmal im Monat zu beobachten sind, auch wegen ihrer großen Ungenauigkeit, bevorzugt der Seemann auf seinen Fahrten andere Methoden. Es gibt einen Himmelskörper, dessen Bewegung unter den Fixsternen mit verhältnismäßig großer Schnelligkeit vor sich geht, und dessen jeweiliger Himmelsort daher als „Ereignis" mit wohlbestimmter Eintrittszeit im obigen Sinn gelten kann. Dieser Himmelskörper ist unser *Mond*, der auf seiner Bahn um die Erde den Fixsternhimmel in etwa 27 Tagen einmal durchläuft. Die Geschwindigkeit, die dazu nötig ist, ist immerhin so groß, daß wir sie bei einiger Aufmerksamkeit und unter günstigen Umständen mit bloßem Auge bemerken können. Wenn der Mond sich nämlich auf seinem Wege einem sehr hellen Stern nähert, so kann man im Verlaufe einiger Stunden deutlich den Vorübergang des Mondes am Stern verfolgen.

Der Mond bewegt sich unter den Sternen so rasch, daß er in ungefähr einer Stunde um seinen eigenen Durchmesser weiterschreitet. Die Winkelentfernung des Mondes von helleren Fixsternen, die auf seinem Wege liegen, und die auch mit dem Sextanten gemessen werden kann, ist daher eine mit der Zeit ziemlich rasch veränderliche Größe, die auch in den Nautischen Jahrbüchern vermerkt und nach Greenwicher Zeit angegeben wird.

Wenn also der Seemann mit dem Sextanten die Entfernung zwischen Mond und Fixstern (richtiger gesagt: den Winkel zwischen den beiden Blickrichtungen nach dem Monde und nach dem Stern) bestimmt, so liest er in seinem Jahrbuch die dazugehörige Greenwicher Zeit ab. Er kann demnach sein Schiffschronometer, das ja nach Greenwicher Zeit gehen soll, durch Beobachtung von „Monddistanzen" fortlaufend berichtigen.

Die Schiffsuhr ist, wie wir nach dem bisher Gesagten ohne Schwierigkeit einsehen, das Hauptinstrument, das dem Seemann jederzeit die geographische Länge seines Schiffsorts zu bestimmen erlaubt. Die Ortszeit zu ermitteln, ist nicht schwierig — sie ist ja an den Horizont des Beobachtungsortes gebunden und läßt sich auf verschiedene Weise aus beobachteten Höhen von Sternen oder der Sonne ableiten —, in der Schiffsuhr aber führt der Seemann die Zeit des Nullmeridians, die Weltzeit, mit sich, aus deren Vergleich mit der Ortszeit immer die geographische Länge folgt. Die größte Sorge des Seefahrers ist es daher, daß seine Uhr möglichst richtig geht, und daß er ihren Gang unterwegs ständig unter Kontrolle hält.

Heute hat die astronomische Kontrolle der Schiffschronometer mit Hilfe der Beobachtung von Monddistanzen viel von ihrer Bedeutung eingebüßt. Noch vor wenigen Jahrzehnten stellte sie die wichtigste Methode der Uhrvergleichung auf hoher See dar — heutzutage wird den Schiffen auch in den entlegensten Gewässern die Normalzeit unvergleichlich genauer und bequemer durch die funkentelegraphischen Zeitzeichen übermittelt, die durch die großen Sendestationen aller Länder über den ganzen Erdball verbreitet werden. Während die Uhrvergleichung durch Monddistanzen die Zeit nur selten genauer als auf mehrere Zehntelminuten liefert, werden durch die drahtlosen Zeitsignale Bruchteile der Sekunde unbedingt gewährleistet. Von Deutschland aus werden solche Zeitzeichen täglich mehrmals durch die Hamburger Sternwarte über den Rundfunk verbreitet.

Terrestrische Orientierung. Die Ermittlung von geographischer Länge und Breite dient dem Seefahrer und dem Forschungsreisenden zur Feststellung seines Standorts und kann, vorausgesetzt, daß die instrumentellen Hilfsmittel intakt sind, jederzeit erfolgen, wenn Himmelsbeobachtungen möglich sind. Diese

Möglichkeit der Orientierung ist demnach stark von der Gunst des Wetters abhängig, und daher wäre namentlich der Seefahrer bei lang andauernder Bewölkung in einer sehr unangenehmen Lage, wenn er nicht auch andere Möglichkeiten zur Orientierung auf dem Meere hätte. Ein wesentlicher Bestandteil der Navigationskunst ist daher die beständige Beachtung der Fahrtrichtung (Kurs) und Fahrtgeschwindigkeit. Wenn zu irgendeiner Zeit der Schiffsort durch Himmelsbeobachtungen festgestellt und in die Seekarte eingetragen werden konnte, wird durch fortgesetzte Beobachtung von Kurs und Geschwindigkeit des Schiffs der weitere Verlauf der Reise so lange verfolgt werden, bis eine neue Ortsbestimmung möglich ist, durch die ein eventueller Fehler der eingetragenen Route wieder berichtigt wird.

Die Fahrtrichtung wird durch den *Kompaß* festgestellt. Dieser enthält, wie jeder weiß, eine Magnetnadel, die immer nach Norden zeigt. Wir werden in einem späteren Kapitel sehen, daß dies nur bis zu einem gewissen Grade richtig ist, da die magnetischen Pole der Erde, nach denen die Magnetnadel sich einstellt, mit den geographischen Polen keineswegs zusammenfallen. Die *Mißweisung* des Kompasses ist aber für die meisten Gebiete der Erdoberfläche so genau bekannt, daß der Seemann sie berücksichtigen, d. h. die Angaben des Kompasses verbessern kann. Schwierig ist die Benutzung des Magnetkompasses nur in polaren Gegenden, in denen die magnetischen Verhältnisse örtlich und zeitlich stark veränderlich und überdies nur unvollständig erforscht sind.

Auch für Kriegsschiffe, deren gewaltige Eisenmassen das magnetische Kraftfeld stören, ist die Brauchbarkeit der Magnetkompasse gering. Es ist daher für die Schiffahrt bedeutungsvoll, daß in Gestalt des *Kreiselkompasses* ein Gerät erfunden wurde, das die Nachteile der Magnetnadel vermeidet. Der Kreiselkompaß (Abb. 28) besteht aus einem elektromotorisch angetriebenen Kreisel von großer Masse und äußerst schneller Umdrehungszahl, dessen Umdrehungsachse infolge einer besonderen Montierung (der sogenannten kardanischen Aufhängung) frei beweglich ist. Wenn es also irgendwelche äußeren Kräfte gibt, die bestrebt sind, einen sich frei drehenden Kreisel in eine bestimmte Achsenlage zu zwingen, so wird das Instrument diesen Kräften nachgeben. Es läßt sich nun nachweisen, daß die tägliche Umdrehung der

Erde die Wirkung hat, daß sich unser Kreisel nur dann im Gleichgewicht befindet, wenn seine Achse der Rotationsachse der Erde
parallelgerichtet ist, also nach Norden zeigt. Der Kreiselkompaß
wird demnach unter dem Einfluß der Erdrotation die Nord-Süd-
Lage aufsuchen und sie beibehalten, solange die Kreiselbewegung

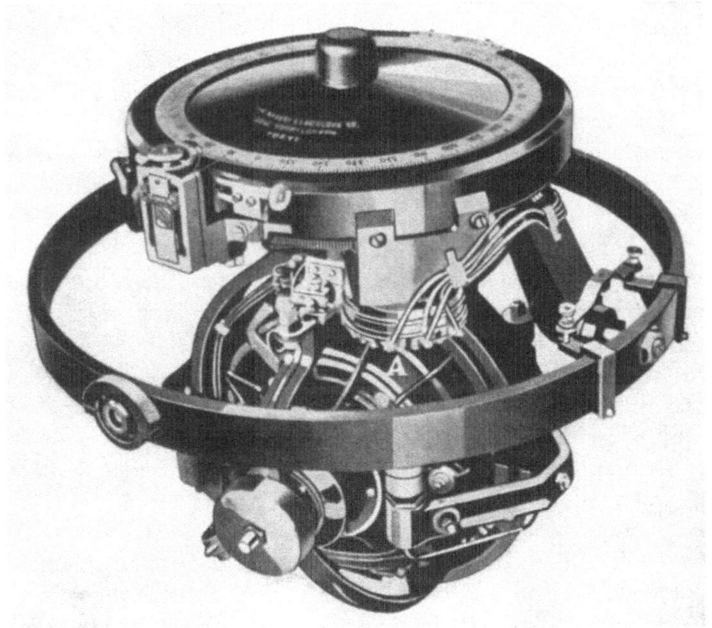

Abb. 28. Kreiselkompaß.

anhält. Diese Eigenschaft des Kreiselkompasses, die ihn zu einem
einwandfreien Instrument zur Bestimmung der Himmelsrichtung
macht, ist übrigens auch ein weiterer Beweis physikalischer Natur
für die Drehung der Erde.

Zur Bestimmung der *Geschwindigkeit* eines fahrenden Schiffes
dient dem Seemann ein einfaches Instrument, das Logg (oder die
Logge). Die einfachste Form des Loggs ist ein an einem langen
Faden befestigtes Holzbrettchen, das am Heck des Schiffes ins
Wasser geworfen wird, und das man so lange schwimmen läßt,
bis der Faden straff gespannt ist. Die Zeit, die zwischen dem

Abwurf des Loggs und dem Moment der Spannung der Leine verfließt, mißt man mit einer Stoppuhr — sie ist gleich der Zeit, in der sich das Schiff um die Länge der Leine fortbewegt hat. Gewöhnlich wird die hieraus zu berechnende Fahrtgeschwindigkeit des Schiffes nach „Knoten", d. h. Seemeilen in der Stunde angegeben. Genauer arbeitet das *Patentlogg*, eine in einem Gehäuse eingeschlossene Flügelschraube, die sich in fließendem Wasser dreht, und aus deren Umdrehungszahl (die durch ein Zählwerk gemessen wird) die Fahrtgeschwindigkeit abgeleitet werden kann.

Durch das „Loggen" erfährt man die wahre Schiffsgeschwindigkeit natürlich nur, solange man annehmen darf, daß das Wasser selbst in Ruhe ist. Das ist nun, wie man weiß, im allgemeinen nicht der Fall. Es gibt vielmehr sehr ausgeprägte *Meeresströmungen* — die bekannteste unter ihnen ist der sogenannte *Golfstrom*, durch den das warme Wasser des Golfs von Mexiko durch den nördlichen Atlantischen Ozean an der norwegischen Küste vorüber bis ins Eismeer verfrachtet wird. Die Geschwindigkeiten dieser Meeresströmungen sind aber — wenigstens auf hoher See — ziemlich klein und verfälschen die gemessene Fahrtgeschwindigkeit eines Schiffes nur unbedeutend; in den Meeresgegenden, wo sie nach Größe und Richtung bekannt sind, lassen sie sich zudem bei der Auswertung der Loggmessung berücksichtigen.

Bestimmung der Seehöhe. Wir können diese Übersicht über die Fragen der Orientierung auf der Erdoberfläche nicht abschließen, ohne auch der dritten Dimension des Raumes Erwähnung zu tun: Wenn unser Reiseweg über Gebirgszüge führt, so interessiert uns auch zu wissen, wie hoch über dem Meeresspiegel wir uns jeweils befinden. Zwar haben wir im zweiten Kapitel gehört, daß die Landmesser durch das *Nivellement* den Verlauf der Geoidfläche festgelegt und die Höhe der von ihnen vermessenen Geländepunkte über dieser Normalfläche bestimmt haben. Die Vermessung eines Landes nach diesen Gesichtspunkten erfordert aber eine sehr umständliche und zeitraubende Arbeit, mit der sich ein Forschungsreisender, der sich schnell über die Gestaltung einer unbekannten Gebirgslandschft orientieren will, nicht aufhalten kann. Es ist daher wünschenswert, ein Mittel zu besitzen, mit dessen Hilfe man die Seehöhe eines Punktes (etwa eines Berggipfels) schnell, wenn auch mit einiger Ungenauigkeit, zu messen imstande ist. Noch notwendiger ist dies geworden, seit die Entwicklung der *Luftfahrt* die Bedürfnisse der Höhenmessung gesteigert hat: ein Flieger, der nachts oder im Nebel den Ozean überfliegt, muß in der Lage sein, die Höhe des Flugzeugs über der Meeresoberfläche an seinen Instrumenten abzulesen, wenn er nicht ständig Gefahr laufen will, ins Meer zu stürzen.

Ein solches Mittel zur Bestimmung der Höhe ist das *Barometer*, jenes wohlbekannte Instrument, das zur Messung des *Luftdrucks* dient. Unter Luftdruck verstehen wir das Gewicht der über der Flächeneinheit des Untergrundes lastenden Luftsäule. Wir könnten den Luftdruck etwa in Kilogramm pro Quadratzentimeter ausdrücken, ziehen es aber vor, anstatt dessen die Höhe einer Quecksilbersäule anzugeben, die den gleichen Querschnitt und das gleiche Gewicht besitzt wie die gedachte Luftsäule. Normalerweise übt das gesamte Luftmeer, das über der Meeresoberfläche lastet, den gleichen Druck auf die Unterlage aus, wie es ein Quecksilbermeer von 760 mm Höhe tun würde. Steigen wir nun auf einen Berg, so nimmt der Luftdruck ab, da ja die Luftschichten, die wir unter uns gelassen haben, keine Druckwirkung mehr ausüben. In den unteren Schichten der Atmosphäre kann man damit rechnen, daß die Abnahme des Luftdrucks mit der Höhe etwa 1 mm auf je 10 m Höhenunterschied beträgt — je weiter wir emporsteigen, um so langsamer erfolgt die Druckverminderung mit der Höhe, da die Luft immer dünner und dünner wird.

Unter normalen Verhältnissen hat also der Luftdruck eine ganz bestimmte und eindeutige Beziehung zu der Höhe über dem Meeresspiegel, in der man ihn gemessen hat. Es ist daher möglich, eine Tabelle herzustellen, aus der man zu jedem beliebigen Barometerstand die zugehörige Höhe über dem Meeresniveau entnehmen kann. Allerdings darf man dabei nicht außer acht lassen, daß der Luftdruck an einem und demselben Ort starken Schwankungen ausgesetzt ist, die mit der Wetterlage zusammenhängen. In Wirklichkeit ist also die Annahme, daß zu jeder Höhenlage ein bestimmter Luftdruck gehört, keineswegs erfüllt. Wollten wir das oben angedeutete Gesetz kritiklos zu einer barometrischen Höhenbestimmung verwenden, so könnte es vorkommen, daß die nach der Tabelle ermittelte Höhe von der wirklichen um mehrere hundert Meter abweicht. Diese Fehler lassen sich allerdings bedeutend verringern, wenn man die beobachteten Luftdruckwerte auf Grund der allgemeinen Wetterlage und der am Beobachtungsort herrschenden Lufttemperatur so verbessert, daß sie den normalen Bedingungen entsprechen, unter denen die besagte Tabelle gilt. Am sichersten lassen sich auf diese Weise die *Höhenunterschiede* zwischen zwei benachbarten Punkten, etwa dem Gipfel eines Berges und einer an seinem Fuß gelegenen Ortschaft, bestimmen, wenn man an beiden Punkten möglichst gleichzeitig Luftdruck und Temperatur mißt. Es kommt dann nur darauf an, die Dichte der zwischen beiden Orten liegenden Luftschicht zu ermitteln, die man aus Druck und Temperatur, eventuell noch unter Berücksichtigung des Feuchtigkeitsgehalts, leicht berechnen kann. Aus Druckunterschied und Dichte folgt aber unmittelbar die vertikale Mächtigkeit dieser Luftschicht, d. h. also der Höhenunterschied zwischen ihrer oberen und unteren Begrenzung.

V. Die Erde wandert um die Sonne

Mit der Bewegung unseres Planeten um sein Zentralgestirn, die Sonne, ist es ähnlich wie mit ihrer Achsendrehung: Sie kommt uns nicht unmittelbar zum Bewußtsein, und wenn der Himmel ständig mit einer dichten Wolkendecke verhangen wäre, so würden wir schwerlich etwas von ihr wissen. Ja, selbst der geschickte Physiker, der durch seine Experimente die Rotation des Erdkörpers beweisen könnte, würde uns kaum davon zu überzeugen vermögen, daß die Erde um jene unsere Tage erhellende Lichtquelle eine kreisförmige Bahn von gewaltigem Durchmesser beschreibt. Unser Wissen um diese merkwürdige und geheimnisvolle Bewegung stützt sich ausschließlich auf das Gesamtbild von den Vorgängen im Weltall, das sich uns in jahrtausendelanger Forschung enthüllt hat — wir glauben an ihre Wirklichkeit, weil sie allein die Voraussetzung dafür ist, daß wir die komplizierten Bewegungen der Himmelskörper, die wir beobachten, durch ein einziges mechanisches Gesetz von unerhörter Größe und Einfachheit beschreiben und damit *verstehen* können.

Uns soll in diesem Kapitel weniger die astronomische Seite des Problems der Erdbewegung um die Sonne beschäftigen, als die

Frage, in welcher Weise diese astronomische Tatsache das menschliche Leben und seine Einrichtungen berührt und beeinflußt. In dieser Hinsicht aber spielt lediglich die gegenseitige Stellung von Erde und Sonne und ihre im Laufe eines Jahres sich vollziehende periodische Änderung eine Rolle, während es belanglos ist, welchem von beiden Körpern wir die Stelle des ruhenden Zentrums und welchem wir die des beweglichen Trabanten zuschreiben. Diese Frage wird vielmehr erst später (im siebenten Kapitel) wieder Bedeutung gewinnen, wenn wir von den physikalischen Wechselbeziehungen zwischen Sonne und Erde sprechen, die neben der reinen Bewegung noch bestehen.

Das Jahr und die Jahreszeiten. Die Bewegung der Erde um die Sonne (oder, wie die Alten es auffaßten, der Sonne um die Erde) ist annähernd kreisförmig und erfolgt in einer Ebene, die um etwa $23^{1}/_{2}^{0}$ gegen die Ebene des Erdäquators geneigt ist. Bis auf geringfügige Schwankungen, die uns hier nicht interessieren, ist die Lage der Erdbahnebene im Raume unveränderlich. Von der Erde aus gesehen wird die Sonne daher während eines Jahres (also während des Zeitraumes, in dem die Erde einen Umlauf um ihr Zentralgestirn vollendet) am Fixsternhimmel einen vollen Kreislauf ausführen, und sie wird in jedem neuen Jahr die gleiche Bahn beschreiben, durch die gleichen Sternbilder hindurchwandern. Diese scheinbare Sonnenbahn am Himmel (die den Alten noch eine wirkliche Bahn war) hat daher von jeher eine ganz besondere Bedeutung gehabt. Sie heißt seit alter Zeit *„Ekliptik"*, d. h. „Finsternislinie", weil Sonnen- und Mondfinsternisse nur dann eintreten können, wenn der Mond auf seiner Bahn diese Linie schneidet. Die Sterndeuter des Altertums, denen wir die meisten noch heute gebräuchlichen Namen der Sterne und Sternbilder des Himmels verdanken, kannten zwölf Sternbilder, die rings um den Himmel herum in regelmäßigen Abständen die Ekliptik begleiten; ihre Namen sind:

Widder, Stier, Zwillinge, Krebs, Löwe, Jungfrau,
Waage, Skorpion, Schütze, Steinbock, Wassermann, Fische.
Sieben dieser Bilder haben also Tiernamen — der von ihnen überdeckte Himmelsstreifen, der nicht nur den Weg der Sonne, sondern auch die Bahnen des Mondes und der Planeten umschließt, wird daher *Zodiakus*, d. h. „Tierkreis", genannt.

Infolge der Neigung der Ekliptik gegen den Himmelsäquator (der ja nichts anderes ist als der Schnitt der Ebene des Erdäquators mit dem Himmelsgewölbe) liegt die eine Hälfte des Tierkreises auf der nördlichen, die andere auf der südlichen Halbkugel des Himmels. Weilt die Sonne auf dem nördlichen Bogen ihrer Bahn, so ist bei uns im Norden Sommer (s. Abb. 29) — die Sonne erreicht dann am Mittag große Höhen und bleibt den größten Teil des Tages über dem Horizont. Am Nordpol, wo der Himmelspol im Zenit steht, verweilt die Sonne während dieser Jahreszeit sogar ständig über dem Horizont. Im Winter ist es umgekehrt, wie die Abbildung deutlich zeigt.

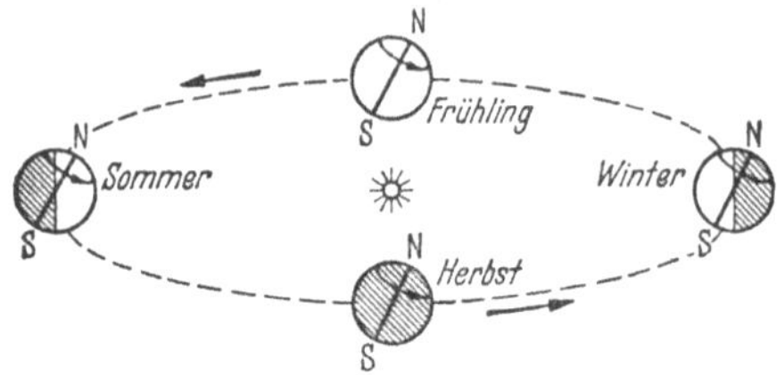

Abb. 29. Entstehung der Jahreszeiten infolge der Schiefstellung der Erdachse auf der Erdbahnebene. Die 4 Stellungen der Erde entsprechen den Anfängen der 4 Jahreszeiten für einen Punkt der Nordhalbkugel, dessen Bahn während der täglichen Erddrehung eingezeichnet ist. Im Sommer ist der Weg dieses Punktes durch die beleuchtete Erdhälfte größer als der durch die unbeleuchtete (Tag länger als Nacht), im Winter ist es umgekehrt. Am Frühlings- und Herbstanfang sind Tag und Nacht gleich.

Alle diese Dinge sind dem Leser mehr oder weniger aus der Schule geläufig und sollen hier nur ins Gedächtnis zurückgerufen werden. Worauf es uns hier ankommt, ist die Grundtatsache, daß die Jahreswanderung der Sonne durch den Tierkreis längs ihrer wohlbestimmten und unveränderlichen Bahn, der Ekliptik, den Lauf des *Jahres* und seine Einteilung bestimmt. Während die Sterne des Fixsternhimmels uns (nach den Ausführungen des dritten Kapitels) als die Zeiger einer großen Weltuhr erscheinen, deren täglicher Umschwung die Bestimmung von Tag und Tageseinteilung ermöglicht, so ist die Sonne auf ihrer langsamen Wanderung durch die Sternbilder des Tierkreises gewissermaßen der *Datumszeiger* an dieser Himmelsuhr.

Die Vollendung eines Sonnenweges durch den Tierkreis liefert uns das *Jahr* als größere Zeiteinheit. Zwölf Sternbilder umsäumen diesen Sonnenweg durch die Jahreszeiten — damit ist die Einteilung des Jahres in zwölf *Monate* verständlich. (Hier muß vermerkt werden, daß auch die Bewegung des Mondes bei der Entstehung der Monate mitgewirkt hat, denn der Mond durchläuft den Tierkreis in der Zeit von fast einem Monat. Auch der Name Monat ist von Mond abgeleitet.)

Die *Länge* des Jahres ist die Zeit, die zwischen zwei aufeinanderfolgenden Durchgängen der Sonne durch einen charakteristischen Punkt der Ekliptik vergeht — man kann diesen Fixpunkt auf zwei Arten wählen und kommt auf diese Weise zu zwei verschiedenen Festsetzungen der Jahreslänge. Einmal kann man den Anfang des Jahres auf einen Zeitpunkt legen, an dem die Sonne an einem in der Ekliptik liegenden *Stern* vorübergeht, der so weit entfernt sei, daß man seine Eigenbewegung im Raume nicht mehr wahrnehmen und daher praktisch gleich null setzen kann. Das so definierte Jahr entspricht der wahren Umlaufszeit der Erde um die Sonne in bezug auf den als ruhend angesehenen Fixsternraum und wird das *siderische*[1] Jahr genannt.

Aber ebenso wie die Umdrehungszeit der Erde in bezug auf den Sternenraum, der *Sterntag*, eine für das bürgerliche Leben unbrauchbare Zeiteinteilung darstellt, ist auch das siderische Jahr mit den Forderungen, die wir Menschen an die Einrichtung unserer Zeitrechnung stellen, nicht ganz in Einklang zu bringen. Unsere Forderung lautet, daß das Jahr in seinem Laufe den Wechsel von Frühling, Sommer, Herbst und Winter, die für das Menschenleben einschneidende Bedeutung haben, getreulich wiedergebe — so wie wir vom *Tage* fordern, daß seine Dauer sich dem Wechsel zwischen Licht und Finsternis anpasse. Das siderische Jahr würde diesen natürlichen Erfordernissen nur gerecht werden, wenn die gegenseitige Lage von Ekliptik und Himmelsäquator, durch die ja der Jahreszeitenwechsel bestimmt wird, unveränderlich wäre, d. h. wenn Rotationsachse und Rotationsebene der Erde, ebenso wie wir es oben von der Erdbahnebene behauptet haben, im Raume unveränderlich festlägen.

Daß dies nicht zutrifft, hat schon *Hipparch*, der große Astronom des Altertums, bemerkt. Er fand, daß zwar die Neigung zwischen Äquatorebene und Ekliptik immer durch den gleichen Winkel von $23^{1}/_{2}^{0}$ (den wir als „Schiefe der Ekliptik" bezeichnen) gegeben

---

[1] Lat.: sidera = die Gestirne.

ist, daß aber die *Schnittpunkte* dieser beiden himmlischen Kreise auf der unter den Sternen festliegenden Ekliptik langsam in westlicher Richtung weiterwandern. Heute wissen wir, daß die Punkte der Tag- und Nachtgleichen (Äquinoktien), wie wir diese Schnitt-stellen zwischen Ekliptik und Äquator nennen, in etwa 26000 Jahren einmal den Tierkreis durchwandern.

Die Äquinoktien, in denen die Sonne auf ihrer jährlichen Wande-rung den Himmelsäquator überschreitet, kennzeichnen den kalen-dermäßigen Beginn von Frühling und Herbst (Frühlings- und Herbst-Tagundnachtgleiche), sie sind also wichtige Marksteine am Sonnenweg, die eine enge Beziehung zum Wechsel der Jahres-zeiten haben. Infolgedessen ist die Jahreslänge, die für unsere Zeit-rechnung allein geeignet ist, jene Zeitspanne, die zwischen zwei aufeinanderfolgenden Durchgängen der Sonne durch einen dieser beiden ausgezeichneten Punkte der Ekliptik liegt, also etwa die Zeitspanne zwischen einem Frühlingsanfang und dem nächsten. Wir nennen diesen Zeitraum ein *tropisches Jahr*, er ist etwas kürzer als das siderische Jahr, da der Punkt des Frühlingsäquinoktiums (kurz Frühlingspunkt genannt) der nach Osten wandernden Sonne entgegengeht.

Der Zeitunterschied zwischen tropischem und siderischem Jahr beträgt 20 Min. und 23 Sek. In einem Zyklus von etwa 26000 Jahren ist somit die Zahl der tropischen Jahre um eins größer als die der siderischen Jahre. In geschichtlicher Zeit hat sich dieser merkwürdige Vorgang, den man auch die *Präzession* der Tagund-nachtgleichen nennt, dahin ausgewirkt, daß der Frühlingspunkt etwa alle 2000 Jahre in ein anderes Bild des Tierkreises übertritt — während er sich zur Zeit der ägyptischen Pharaonen im Stier be-fand, wanderte er während des griechisch-römischen Altertums durch den Widder und befindet sich heute in den Fischen — im Laufe der nächsten Jahrhunderte wird er in den Wassermann hinüberwechseln.

Für die Länge des tropischen Jahres, das somit für unsere Zeit-rechnung eine maßgebliche Einheit darstellt, liefert uns die astro-nomische Wissenschaft den Wert von
365,24220 mittl. Sonnentagen = 365 Tagen 5 Std. 48 Min. 46 Sek.

Aus der Geschichte des Kalenders. Bei den Kulturvölkern des frühen Altertums stützt sich die Einrichtung des *Kalenders*, durch den

Zählung und Einteilung der Jahre festgelegt werden, nicht allein auf die Sonnenbewegung, sondern in mehr oder weniger ausgeprägtem Maße auch auf den Lauf des *Mondes*. Davon soll im nächsten Kapitel noch kurz die Rede sein. Nur die *Ägypter* hatten ein reines Sonnenjahr, dessen Länge sie zu 365 Tagen ansetzten. Da diese Zeitspanne um etwa einen Vierteltag zu kurz ist, fiel der Jahresanfang im Laufe der Jahrhunderte auf ein immer früheres Datum — man rechnet leicht aus, daß die Wanderung des Jahresanfangs in etwa 1360 Jahren einen Kreislauf durch alle Jahreszeiten vollendet haben mußte. Die Ägypter haben diese Erscheinung natürlich im Laufe ihrer mehrtausendjährigen Geschichte kennengelernt; sie nannten den 1360jährigen Zyklus die *Sothisperiode*, nach dem hellen Fixstern Sirius, den sie Sothis nannten, und dessen Wiedererscheinen am Morgenhimmel (im Hochsommer) ihnen den Beginn der für ihre Landwirtschaft so wichtigen jährlichen Nilüberschwemmungen ankündigte. Das Jahr wurde in 12 Monate zu je 30 Tagen eingeteilt, dazu kamen 5 Zusatztage, die dem letzten Monat angehängt wurden und wohl als Festtage gefeiert wurden. Seit 238 v. Chr. ging man dazu über, jedem vierten Jahr einen 366. Tag als „Schalttag" hinzuzufügen, wodurch die Jahreslänge auf durchschnittlich $365\frac{1}{4}$ Tag verlängert und somit in bessere Übereinstimmung mit dem tropischen Jahre gebracht wurde. Diese Schaltjahrrechnung bürgerte sich jedoch nicht recht ein und wurde erst im Jahre 46 v. Chr. von *Julius Cäsar*, der sie auf seinem Eroberungszuge nach Ägypten kennengelernt hatte, zur Verbesserung des damals dringend reformbedürftigen römischen Kalenders übernommen.

Im alten Rom war die Zeitrechnung auf ein sonderbares Gemisch von Mond- und Sonnenjahren gegründet. Von dem Prinzip der Schaltung machten die Römer frühzeitig Gebrauch — sie schalteten nicht nur einzelne Tage, sondern nach Bedarf auch ganze Monate ein und aus, wenn der Fehler der Zeitrechnung so hoch angelaufen war, daß eine Regulierung des Jahresbeginns nötig wurde. Der römische Kalender ist für uns deshalb so interessant, weil viele seiner Einrichtungen sich bis auf den heutigen Tag erhalten haben, und einige sonst nicht verständliche Einzelheiten des modernen Kalenders reichen bis auf jene etwas verworrenen Zeitrechnungsverhältnisse im alten Rom zurück, die *Voltaire* einmal in seiner spöttischen Art mit dem Ausspruch kennzeichnete:

„Die römischen Feldherrn feierten dauernd Triumphe, aber sie wußten nie, *wann* sie triumphierten." Die völlig unastronomische Festsetzung des Jahresanfangs auf den 1. Januar ist so zu erklären: Ursprünglich ließen die Römer das Jahr ganz folgerichtig mit den „Iden des März" (15. März) beginnen, die mit dem Frühlingsanfang (Durchgang der Sonne durch den Frühlingspunkt am 21. März) nahezu übereinstimmten. Der März war also der erste Monat des römischen Kalenders — daß man als Jahresanfang nicht den Anfang, sondern die *Mitte* des Monats wählte, war eine römische Eigenart. Neben dem Kalenderjahr hatten die Römer aber noch ein *Amtsjahr*, das mit dem Amtsantritt der Konsuln am 1. Januar begann. *Cäsar* verlegte im Zuge seiner Kalenderreform dann auch den Beginn des bürgerlichen Jahres auf dieses Datum.

Auch die Namen und die Längen der Monate, die heute noch gültig sind, haben wir von den Römern übernommen. Die Namen Januar bis Juni sind verschiedenen römischen Gottheiten gewidmet, Juli und August dem *Julius Cäsar* und seinem Nachfolger *Augustus* zu Ehren, während die Namen September bis Dezember aus den römischen Zahlworten (septem = 7, octo = 8, novem = 9, decem = 10) abgeleitet sind — in der Zuordnung dieser Zahlen erkennen wir noch deutlich, daß ursprünglich nicht der Januar, sondern der *März* der erste Monat im Jahre gewesen ist. Auch daß der Februar bei der Verteilung der Tage des Jahres auf die einzelnen Monate etwas zu kurz gekommen ist, hängt damit zusammen, daß er der letzte Monat war. Die endgültige Festsetzung der Monatslängen, die wir heute noch (so unpraktisch sie auch sind) verwenden, stammt ebenfalls von *Cäsar*, der bei seinem Kalenderwerk durch den alexandrinischen Gelehrten *Sosigenes* unterstützt wurde.

Die *Julianische* Kalenderreform, wie man sie nach ihrem Urheber nannte, blieb durch das ganze Mittelalter hindurch maßgebend, da sie auch von der christlichen Kirche angenommen und lediglich durch die kalendermäßige Einordnung der christlichen Feste (auf dem Konzil zu Nizäa im Jahre 325) vervollständigt wurde. Die Länge des Julianischen Jahres unterschied sich von der wirklichen nur um etwa 11 Minuten — der Fehler der Zeitrechnung konnte also erst in Jahrhunderten so stark anwachsen, daß eine merkliche Verlagerung der astronomischen Zeitmarken des Jahreslaufs eintrat.

Im 16. Jahrhundert hatte sich der Fehler des Kalenders auf 10 Tage aufsummiert und war von den Astronomen natürlich nicht unbemerkt geblieben. Der Durchgang der Sonne durch den Frühlingspunkt fand nicht mehr am 21., sondern bereits am 11. März statt. Um den Kalender wieder in Ordnung zu bringen, berief der Papst *Gregor* XIII. 1576 eine Kommission zu einer neuen Kalenderreform ein, die nach langen Beratungen im Jahre 1582 abgeschlossen wurde und als *Gregorianische* Reform bekannt ist.

Zunächst wurde der entstandene Fehler von 10 Tagen dadurch ausgemerzt, daß auf den 4. Oktober 1582 gleich der 15. Oktober folgte. Da das Julianische Jahr ferner etwas zu lang war, mußte von Zeit zu Zeit ein Tag fortgelassen werden. Während im Julianischen Kalender jedes vierte Jahr (Jahreszahl durch vier teilbar) ein Schaltjahr war, in dem der Februar 29 statt 28 Tage zählte, wurde nun bestimmt, daß alle hundert Jahre (z. B. 1700, 1800, 1900) der Schalttag ausfallen sollte; dadurch wurde das Jahr von 365,25 auf 365,24 Tage gebracht, es war also nunmehr wieder etwas zu kurz. Um auch diesen Fehler noch weitgehend auszuschalten, mußte es wieder verlängert werden, was durch die Bestimmung geschah, daß jede vierte Jahrhundertwende (1600, 2000, 2400) der Schalttag bestehen bleiben sollte. Dadurch erhält das Gregorianische Jahr eine Länge von
365,2425 mittl. Sonnentagen = 365 Tagen 5 Std. 49 Min 12 Sek., die von der wahren Länge des tropischen Jahres nur um 26 Sekunden verschieden ist, ein Betrag, der erst in über 3000 Jahren zu einem Fehler von einem Tage anwachsen wird.

Die Gregorianische Kalenderreform hat sich nicht gleich überall durchgesetzt — sie wurde in den protestantischen Ländern nach und nach übernommen, während die in Osteuropa maßgebende griechisch-orthodoxe Kirche sich erst in jüngster Zeit entschlossen hat, den Julianischen Kalender aufzugeben, dessen Abweichung gegenüber dem Gregorianischen inzwischen auf 13 Tage gestiegen war. Nach dem ersten Weltkriege wurde in Osteuropa ein interessanter Vorschlag des serbischen Astronomen *M. Milankovitch* ernsthaft diskutiert, der sich dem Gregorianischen weitgehend anpaßt, dessen Jahreslänge aber noch etwas genauer ist: In ihm werden alle diejenigen Jahrhundertwenden als Schaltjahre belassen, deren Jahrhundertzahlen, durch 9 dividiert, die Reste 2

oder 6 lassen (z. B. 2000, 2400, 2900, 3300 usw.). Dadurch würde
die Jahreslänge mit 365,24222 Tagen bis auf nicht ganz 2 Sekunden
mit dem tropischen Jahr in Übereinstimmung gebracht werden —
eine Verschiebung zwischen der Gregorianischen und dieser Zeitrechnung würde vor dem Jahre 2800 nicht eintreten.

Was somit die Dauer des Jahres anbelangt, so ist in absehbarer
Zeit nicht zu befürchten, daß der Kalender wieder in Unordnung
kommt — wenn heute trotzdem die Frage einer abermaligen Reform unserer Zeitrechnung in weiten Kreisen besprochen wird,
so bezieht sie sich hauptsächlich auf eine vernünftigere Einteilung
des Jahres in Monate und auf die Festlegung der beweglichen
christlichen Feste. Von der großen Zahl mehr oder minder geist-
reicher Vorschläge, die in dieser Richtung gemacht worden sind,
will ich nur einen nennen: Nach ihm haben die Monate Januar,
April, Juli und Oktober, die Anfangsmonate der vier Quartale,
je 31 Tage, die übrigen je 30 Tage. Damit hätte jedes Quartal
genau 91 Tage = 13 Wochen, das Jahr aber nur 364 Tage. Es ist
also am Ende des Jahres ein Tag einzuschalten, der ohne Datums-
und Wochenbezeichnung bleibt; in Schaltjahren auch am Ende des
ersten Halbjahres. Jedes Vierteljahr beginnt in diesem Kalender mit
einem Sonntag, und jeder Tag des Jahres fällt stets auf den gleichen
Wochentag. Das Osterfest wird ein für allemal auf den 1. April
(nach anderen Vorschlägen auf den 8. April) festgesetzt.

Das größte Hindernis gegen die Einführung einer derartigen
Kalenderreform besteht in der Herstellung einer Einigkeit zwischen den verschiedenen Nationen des Erdballs, der Überwindung konfessioneller Sonderwünsche und nicht zuletzt in der
jahrtausendelangen Gewöhnung, die uns unseren Kalender trotz
seiner Unvollkommenheiten lieb und wert gemacht hat. Obwohl
es gewisse Vorteile haben würde, wenn jedes Datum seinen bestimmten Wochentag hätte, und wenn das Osterfest, statt wie
bisher am ersten Sonntag nach dem ersten Frühlingsvollmond,
Jahr für Jahr am gleichen Tage gefeiert würde, so werden doch
viele Menschen, die weniger nüchtern und praktisch denken, die
abwechslungsreichere Gestaltung unseres guten, alten Kalenders
nicht missen wollen.

Die Woche. Gegen die Festlegung der Wochentage im Jahreslauf ist darüber hinaus noch ein weiteres Bedenken zu äußern: sie

würde die seit alter Zeit herrschende Begriffsbildung der *Woche* auflockern. Wir kommen damit auf eine Zeiteinheit, die in bezug auf ihre Länge zwischen Tag und Monat steht und dem Lauf des menschlichen Lebens und dem Fortgang der menschlichen Arbeit durch die Einschaltung von Ruhetagen in regelmäßiger Folge einen gewissen Rhythmus verleiht.

Eine astronomische Beziehung zur Woche könnten wir insofern herzustellen suchen, als die Woche ungefähr der Zeit des Mondwechsels (von Viertel zu Viertel) entspricht. Mehr noch sind es wohl Gedankengänge astrologischer Art, die zu der siebentägigen Woche geführt haben: die Sieben war den Alten eine heilige Zahl, weil sieben die Zahl der damals bekannten Planeten ist, zu denen ja auch Sonne und Mond gerechnet wurden. So ist auch jeder Tag der Woche einem dieser Planeten geweiht — wir brauchen nur die Namen unserer Wochentage zu betrachten, um diese Beziehung festzustellen: Der Sonntag ist der Sonne geweiht, der Montag dem Monde, Dienstag (französisch mardi) dem Mars, der in der germanischen Götterwelt dem Ziu oder Tiu entspricht (Dienstag = Tiustag, englisch Tuesday). Mittwoch ist im Deutschen ein neutraler Name, der französische Name „mercredi" erinnert an Merkur, der englische „Wednesday" an Wodan. Donnerstag (englisch Thursday, französisch jeudi) enthält die Namen Donar (Thor) und Jupiter, Freitag (französich vendredi) die Liebesgöttinnen Freia und Venus; der Sonnabend (englisch Saturday) ist dem Saturn geweiht.

Wir finden also in den Wochennamen, besonders in denen romanischen Ursprungs, die Namen der gleichen Gottheiten wieder, die auch bei der Benennung der sieben „Planeten" Pate gestanden haben. Übrigens ist auch die Reihenfolge, in der die Wochentage nach den Planeten benannt worden sind, nicht willkürlich, sondern nach einem besonderen Gesetz angeordnet, das aus Abb. 30 ersichtlich ist. Teilt man einen Kreis in sieben Teile und schreibt jedem Teilpunkte in bestimmtem Umlaufsinn die Planetennamen in derjenigen Reihenfolge zu, die durch ihre Umlaufsperioden bestimmt ist (der Mond hat die geringste Umlaufszeit, dann folgen Merkur, Venus, Sonne, Mars, Jupiter, Saturn), und verbindet nun diese Punkte durch gerade Linien in der Reihenfolge, die durch die ihnen zugeordneten Wochentage gegeben ist, so entsteht ein regelmäßiger siebenstrahliger Stern, der den Sterndeutern des Altertums als „Heptagramm" ein heiliges Symbol war.

Der Ursprung der Woche ist nicht mit Sicherheit nachzuweisen — bei vielen Völkern des Altertums kamen „Wochen" von fünf, acht oder zehn Tagen neben der siebentägigen Woche vor, die bei den Babyloniern von einer gewissen Zeit ab auftaucht, aber wahrscheinlich von fremder Seite dort eingeführt wurde. Die Wocheneinteilung der Zeit, die in der Aneinanderreihung von genau gleichen Zeitabschnitten besteht, macht die Woche als Maßeinheit für Zeitmessungen in mancher Hinsicht geeigneter als den Monat und das Jahr. Monat und Jahr sind ungleichförmige Zählmaße: aus der Angabe, daß 10 Jahre seit einem Ereignis verflossen sind, oder daß irgendein Vorgang sieben Monate gedauert hat, können wir die Dauer der so beschriebenen Zeiträume nicht *genau* in Tage umrechnen, da wir im ersten Falle nicht wissen, ob 1, 2 oder 3 Schaltjahre zu zählen sind, im zweiten Falle, wieviel Monate zu 28, 29, 30 oder 31 Tagen wir zu rechnen haben.

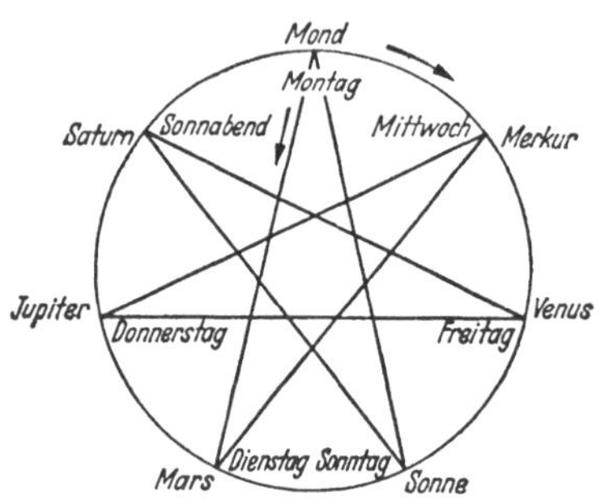

Abb. 30. Zusammenhang zwischen der Reihenfolge der Planeten (einschließlich Sonne und Mond) und der der ihnen zugeordneten Wochentage. Die Planeten sind auf der Peripherie in Uhrzeigerrichtung nach ihrer scheinbaren Umlaufszeit geordnet aufgereiht (Mond bis Saturn). Verbindet man die zugehörigen Wochentage in ihrer Reihenfolge durch gerade Linien, so ergibt sich das Heptagramm.

Das Julianische Datum. Der *Astronom,* der für viele Zwecke genaue Angaben über die Länge von Zeitabschnitten braucht, verwendet daher seit langer Zeit neben dem bürgerlichen Kalender für manche Arten von Zeitangaben auch eine fortlaufende Zählung der Tage, von einem bestimmten vorgeschichtlichen Datum ab, dem 1. Januar 4713 v. Chr. Nach dieser Zählung der sogenannten „Julianischen Tage" bekommt jeder Tag seine fortlaufende Nummer — der 1. Januar 1955 führt in diesem Kalender die Nummer 2 435 109. Ist also das Julianische Datum von irgend zwei weit auseinander liegenden Tagen gegeben, so gibt die Differenz sofort die verflossene Zeit in Tagen an, während man aus den bürgerlichen Daten die Zwischenzeit nur mühsam ermitteln könnte, da man Schaltjahre und Monatslängen genau berücksichtigen müßte. Das Julianische Datum hat ferner die Eigenschaft, daß es den Wochentag eines Datums enthält: Teilt man das Julianische Datum durch 7, so ist der Tag ein Montag, wenn die Division aufgeht, ein Dienstag, wenn sie den Rest 1 ergibt usw. Der 1. Januar 1955 ist nach dieser Regel ein Sonnabend. Wenn mit einer neuen Kalenderreform Schalttage ohne Wochentagsbezeichnung eingeführt würden, die Woche also ihrer Eigenschaft als eines durchgehenden Zählmaßes entkleidet würde, so verlöre diese bequeme Regel natürlich ihre Gültigkeit, wäre aber andererseits auch überflüssig geworden.

Jahresanfang. Bevor wir das Thema der Kalenderreform verlassen, müssen wir noch erwähnen, daß auch an eine Verlegung des *Jahresanfangs* in manchen Vorschlägen gedacht worden ist; meist wird, und nicht mit Unrecht, der Tag des Frühlingsäquinoktiums, der 21. März, als der in astronomischer Hinsicht sinnvollste Termin des Jahreswechsels bezeichnet — seine Einführung hätte auch den Vorteil, daß dann die Einrichtung eines besonderen „Rechnungsjahres" und „Schuljahres", das gewöhnlich mit dem 1. April beginnt, entbehrlich wäre.

Wir haben nun das *Jahr* als eine naturgegebene Zeiteinheit kennengelernt, die neben dem *Tag* allen menschlichen Zeiteinteilungsversuchen zugrunde liegt. Es dient im Gegensatz zum Tage der Messung von Zeiträumen geschichtlichen Ausmaßes. Die Schwierigkeiten, die bei seiner Bestimmung und Einteilung auftreten, liegen, wie wir gesehen haben, darin, daß seine Länge zu der des Tages in keinem ganzzahligen Verhältnis steht. Es ist somit eigentlich nicht richtig, daß wir den *Jahresanfang* am 1. Januar um o Uhr zu feiern pflegen (ganz abgesehen davon, daß dieser Zeitpunkt wegen der Verschiedenheit der konventionellen Uhrzeiten in verschiedenen Ländern keineswegs einheitlich ist). Die Astronomen, die sich bei ihren Zeitangaben nicht damit zufrieden geben dürfen, daß ihr „Jahr" mitunter 365, ein andermal 366 Tage hat, haben sich daher eine andere „Neujahrsstunde" geschaffen, die nicht nur auf der ganzen Erde gleichzeitig gilt, sondern auch den Vorteil hat, daß zwischen ihr und der darauffolgenden immer genau ein tropisches Jahr liegt. Sie ist im wesentlichen durch den Zeitpunkt gekennzeichnet, in dem die „mittlere" Sonne auf ihrer Bahn längs der (vom Frühlingspunkt ausgehend in 360 Grade eingeteilten) Ekliptik den 280. Grad durchschreitet — dieser Zeitpunkt fällt stets nahezu mit dem Beginn des bürgerlichen Jahres zusammen.

VI. Erde und Mond — ein Doppelgestirn

Wenn wir die Erde von einem außerirdischen Standpunkt aus auf ihrer jährlichen Reise um die Sonne beobachten könnten, so würden wir entdecken, daß sie nicht allein reist, sondern von einem kleineren Gestirn ständig begleitet und umkreist wird — das ist der Mond, der treue Freund unserer Nächte, von allen Körpern des Himmels derjenige, der uns bei weitem am nächsten steht, den wir deshalb besonders gut kennen, und dessen nachbarliche Beziehungen zu unserem Planeten eng und vielgestaltig sind. Wir können an ihm nicht vorbeisehen, wenn wir die planetaren Eigenschaften der Erde und ihre Auswirkungen auf das Leben ihrer Bewohner beschreiben wollen.

Größe und Entfernung des Mondes. Verglichen mit den Abmessungen des Erdkörpers selbst ist die Entfernung des Mondes von der Erde nicht gar so groß — sie beträgt im Durchschnitt 384000 km, das ist also rund das $9^1/_2$fache des Erdumfangs oder rund das 30fache des Erddurchmessers. Mancher Seemann oder Flieger hat auf seinen Reisen insgesamt schon größere Strecken zurückgelegt. Wie eng Erde und Mond auf ihrer gemeinsamen Bahn um die Sonne zusammengehören, überlegt man sich am besten, wenn man die Entfernung Erde—Mond mit der Entfernung Erde—Sonne vergleicht: die letztere ist nahezu 400mal so groß wie die erstere.

Über die Entfernung des Mondes wußte man schon im Altertum ziemlich gut Bescheid; schon *Aristarch* hatte sie auf Grund einer richtigen geometrischen Methode bestimmt, allerdings, da seine Beobachtungsgrundlagen falsch waren, einen viel zu kleinen Wert herausbekommen. *Hipparch* verbesserte die Methode und fand als Mondentfernung den sehr nahe richtigen Wert von 59 Erdradien.

An Durchmesser ist im System Erde—Mond die Erde ihrem Trabanten um fast das vierfache überlegen — an Masse um etwa das 80fache. Die Stellung der Erde in diesem „Doppelsternsystem" ist also die herrschende und zentrale. Nach *Newtons* Gravitationsgesetz kann man sich die gegenseitige Bewegung der drei Körper Sonne—Erde—Mond so vorstellen, daß Erde und Mond um ihren gemeinsamen *Schwerpunkt* kreisen — dieser Schwerpunkt, nicht etwa die Erde selbst, ist es, der in einer *Kepler*schen Ellipse um die Sonne läuft. Da aber die Masse der Erde rund 80mal so groß ist wie die des Mondes, die Entfernung Erde—Mond aber nur rund 60 Erdhalbmesser beträgt, so kann man sich nach dem Gesetz der Waage leicht ausrechnen, daß der Massenschwerpunkt Erde—Mond vom Erdmittelpunkt nur $^3/_4$ Erdhalbmesser entfernt sein kann, also noch innerhalb des Erdkörpers selbst liegt.

Mondbewegung, Mondphasen und Monat. Die Bahnbewegung des Mondes um die Erde geschieht in einer Ebene, die gegen die Ebene der Erdbahn um die Sonne, die Ekliptikebene, nur wenig, nämlich rund 5^0, geneigt ist. Der Mond durchläuft daher — ebenso wie die Sonne auf ihrem scheinbaren Jahreslauf — die Sternbilder des Tierkreises und entfernt sich von dem Sonnenweg, der Ekliptik, niemals mehr als 5^0, d. h. um etwa das 10fache seines Durchmessers, der uns unter einem Winkel von $^1/_2{}^0$ erscheint. Diese Bahn, die innerhalb der Tierkreiszone liegt, umschreibt der Mond in etwa $27^1/_3$ Tagen — wir können diese Zeit dadurch bestimmen, daß wir die Zeitspanne zwischen zwei aufeinanderfolgenden Vorübergängen des Mondes an irgendeinem Fixstern messen. Wir nennen sie den *siderischen Monat,* sie entspricht dem siderischen Jahr bei der Sonne. Für unser Verhältnis zum Monde ist aber wiederum die siderische Umlaufzeit von sehr geringer Bedeutung, sie ist, wie der Sterntag und das siderische Jahr, eine Größe, die nur die astronomische Wissenschaft interessiert.

Weit eindrucksvoller als die Wiederkehr des Mondes zu irgendeinem Stern, der an seinem Himmelswege steht, ist für uns seine Wiederkehr zur Sonne, der er auf seinem schnellen Lauf durch den Tierkreis natürlich alle Monate einmal begegnen muß; durch die Stellung des Mondes zur Sonne werden nicht nur seine Auf- und Untergangszeiten, sein Erscheinen also im Laufe der Tageszeiten, sondern auch die Art der *Beleuchtung* bestimmt, die die dunkle Mondkugel durch die Sonne erfährt, und durch die ihr die bekannten Phasengestalten (Sichelform, erstes oder letztes Viertel, Vollmond) verliehen werden. So begannen denn auch die alten Völker, die ihre Zeit oft lieber nach dem Mond als nach der Sonne einteilten, den neuen *Monat* dann, wenn die Begegnung zwischen den beiden großen Himmelslichtern vorüber war und die schmale Sichel des neuen Mondes (daher Neumond !) in der Abenddämmerung am westlichen Horizonte sichtbar wurde.

Die Zeit zwischen zwei Neumonden ist etwas größer als ein siderischer Monat. Denn Sonne und Mond durchwandern den Tierkreis in der gleichen (östlichen) Richtung. Angenommen nun, Sonne und Mond träfen sich einmal bei irgendeinem Stern. Nach einem siderischen Monat wird der Mond wieder bei diesem Stern angelangt sein, die Sonne ist aber inzwischen ein gutes Stück auf ihrer Bahn weitergewandert, und der Mond muß noch ein paar Tage zugeben, ehe er sie wieder einholt. Die durchschnittliche Zeit von einem Neumond zum nächsten heißt der „*synodische*"[1] Monat, seine Länge ist ziemlich genau $29^1/_2$ Tage, also nur wenig kürzer als der zwölfte Teil des Jahres, den unser Kalender als „Monat" mit nur angenäherter Berechtigung bezeichnet.

Verschiedene alte Völker, z. B. die Babylonier, paßten ihre Monate streng dem Wechsel der Mondphasen an, deren Eintritt sie durch Beobachtung zu ermitteln pflegten. Auch die Araber und die Juden hatten ein aus echten synodischen Monaten zusammengesetztes Jahr — der mohammedanische Kalender zählt das Jahr noch heute zu 12 Monaten von abwechselnd 29 und 30 Tagen, das Jahr also zu 354 Tagen, die in passenden Abständen um Schalttage verlängert werden. Das mohammedanische Jahr ist demnach ein reines Mondjahr, dessen Länge gegenüber dem Sonnenjahr um 11 Tage zu kurz ist, und dessen Beginn also ziemlich rasch durch alle Jahreszeiten läuft.

Die Griechen und Römer hatten (vor der Julianischen Kalenderreform) ebenfalls ein Mondjahr, das aber dadurch an das Sonnenjahr gebunden wurde, daß in geeigneten Abständen *Schaltmonate* eingefügt wurden, um den Jahresanfang wieder den Jahreszeiten anzupassen. Seit 432 v. Chr. wurde in Griechenland der *Metonsche*

---

[1] grch. Synode = Zusammenkunft

Zyklus der Schaltung benutzt, der von der Tatsache ausging, daß 19 Sonnenjahre bis auf eine geringe Abweichung gleich 235 synodischen Monaten zu setzen sind — auf diesen Zeitraum sind, da $235 = 19 \times 12 + 7$, 7 Schaltjahre zu 13 Monaten zu verteilen. Die schon im vorigen Kapitel erwähnte Kalenderverwirrung im alten Rom, der erst *Cäsar* ein Ende machte, war hauptsächlich darauf zurückzuführen, daß hier nicht so strenge Schaltvorschriften bestanden, und die Einfügung von Schaltmonaten vielfach der Willkür der Behörden oder der Priester überlassen blieb.

Seit *Julius Cäsar* wurde dann, wie wir gesehen haben, die Anlehnung des Kalenders an den wahren Mondlauf ganz aufgegeben.

Das Osterdatum. Die einzige Beziehung, die unser heutiger Kalender noch zum Wandel und Gestaltwechsel unseres Trabanten aufweist, betrifft das *Osterfest*, das — wie im vorigen Kapitel erwähnt — schon in frühchristlicher Zeit auf den ersten Sonntag nach dem ersten Frühlingsvollmond verlegt wurde. Da der wahre Mondlauf außerordentlich kompliziert ist, werden bei der Berechnung des Osterfestes etwas vereinfachte Annahmen gemacht. Das Datum des Osterfestes läßt sich dann sehr leicht nach einer von dem berühmten Mathematiker *Gauß* (1777—1855) gefundenen Formel ermitteln, die hier ohne Beweis angegeben sei: Man teile die Jahreszahl nacheinander durch 19, 4 und 7 und bezeichne die bei der Teilung verbleibenden Reste mit a, b und c. Ferner seien x und y zwei Zahlen, die (im Gregorianischen Kalender) für jedes Jahrhundert gegeben sind, und zwar sei

$$\text{für } 1583\text{—}1699: x = 22; y = 2$$
$$\text{für } 1700\text{—}1799: x = 23; y = 3$$
$$\text{für } 1800\text{—}1899: x = 23; y = 4$$
$$\text{für } 1900\text{—}2099: x = 24; y = 5.$$

Bezeichnet man dann noch mit d den Teilungsrest von $(19a + x)$:30, mit e den Teilungsrest von $(2b + 4c + 6d + y) : 7$, dann fällt Ostern auf den $(22 + d + e)$-ten März, wobei man natürlich zu beachten hat, daß der 32. *März* gleich dem 1. April zu setzen ist usw.

Für das Jahr 1955 erhalten wir das Osterdatum durch folgende Rechnung:

$$1955 : 19 = 102, \text{ Rest } a = 17$$
$$1955 : 4 = 488, \text{ Rest } b = 3$$
$$1955 : 7 = 279, \text{ Rest } c = 2$$

$$\text{ferner ist} \quad x = 24$$
$$y = 5$$
$$(19a + x) : 30 = 347 : 30 = 11, \text{Rest } d = 17$$
$$(2b + 4c + 6d = y) : 7 = 121 : 7 = 17, \text{ Rest } e = 2$$

Mithin fällt der Ostersonntag 1955 auf den 41. März = 10. April.

Da diese einfache Regel den sehr komplizierten Mondlauf nicht in aller Strenge berücksichtigt, sondern auf einem stark vereinfachten Schema beruht, kann es in gewissen, allerdings nur selten vorkommenden Fällen geschehen, daß sie ein falsches Datum für das Osterfest liefert. Diese Ausnahmefälle lassen sich bereinigen, wenn man folgende Zusatzregeln beachtet: Wenn die Formel als Ergebnis den 26. April liefert, fällt Ostern auf den 19. April; wenn sie den 25. April liefert, fällt Ostern auf den 18. April, falls $d = 28$ und a größer als 10 ist. Das Jahr 1954 ist das einzige unseres Jahrhunderts, in dem eine dieser Regeln (und zwar die zweite) angewandt werden mußte: man erhält $a = 16$, $b = 2$, $c = 1$, $d = 28$ und $e = 6$, also nach der Regel für Ostern den 56. März = 25. April. Da aber hier $d = 28$ und $a = 16$ größer als 10 ist, muß man für das richtige Osterdatum den 18. April setzen.

Ebbe und Flut. Von seiner Mitwirkung bei der Festsetzung des Osterdatums abgesehen, spielt der Mond in der modernen Zeitrechnung keine Rolle mehr, und wir könnten die Beobachtung und Erklärung seiner Bewegung als eine rein astronomische Angelegenheit beiseite tun, wenn nicht unser Trabant noch andere Wirkungen ausüben würde, die ein viel allgemeineres Interesse verdienen. Ich meine mit diesen Wirkungen *nicht* etwa die in weiten Kreisen für erwiesen gehaltenen Einflüsse des Mondes auf das *Wetter.* Die Ansicht, daß Mond und Wetter in einem Zusammenhang stünden, insbesondere daß der Wechsel der Lichtgestalten des Mondes Wetterumschwung mit sich brächte, ist ebenso weit verbreitet wie falsch. Dieser Irrtum ist dem begreiflichen Wunsch nach sicheren Wetteranzeichen entsprungen und ist durch die vielfache Erfahrung genährt worden, daß Wetterwechsel und Mondwechsel zeitlich zusammenfallen. Daß dies sehr oft geschieht, ist nicht verwunderlich, denn beide, Wetter wie Mondphase, wechseln häufig — letztere alle 7—8 Tage, ersteres mitunter noch öfter, ein häufiges zeitliches Zusammentreffen beider Erscheinungen ist daher schon allein dem Zufall zuzuschreiben — genaue

Auszählungen aller Fälle, in denen ein Zusammentreffen stattfand und in denen dies nicht der Fall war, haben einwandfrei das Fehlen jedes gesetzmäßigen Zusammenhangs ergeben.

Wenn ich von den Einflüssen des Mondes spreche, so meine ich vielmehr die *Gezeiten des Meeres*, *Ebbe* und *Flut*[1], die ihr Entstehen zum überwiegenden Teile unserem Monde verdanken. Die Bewohner der Meeresküsten, denen Ebbe und Flut nicht nur interessante Naturerscheinungen bedeuten, sondern deren Leben mehr oder weniger entscheidend durch die Meeresgezeiten geregelt wird, werden daher großen Wert darauf legen, daß der Kalender auch über Stellung und Bewegung des Mondes Auskunft gibt.

Daß der Mond Ebbe und Flut hervorruft, ist eine unmittelbare Folge jener Anziehungskräfte, die nach der Entdeckung *Isaak Newtons* (wir berichteten im ersten Kapitel darüber) jede Masse im Raume auf jede andere Masse ausübt. Diese Kraft ist um so größer, je geringer die Entfernung beider Körper ist, und je größer ihre Massen sind. Auf die Entfernung kommt es dabei besonders an: Ist die anziehende Masse doppelt so groß, so auch die Kraftwirkung, ist dagegen die anziehende Masse doppelt so *nahe*, so wächst die Kraft um das *Vier*fache, d. h. sie nimmt mit dem *Quadrat* der Annäherung zu. Da der Mond von allen Himmelskörpern bei weitem der nächste ist, wird seine Anziehungskraft trotz seiner für Weltkörperverhältnisse nur bescheidenen Masse außerordentlich fühlbar sein.

Unter den vielgestaltigen Einflüssen der Anziehungskraft des Mondes auf die Erde nimmt die Erzeugung der Meeresgezeiten den wichtigsten Platz ein. Der Laie pflegt sich ihr Zustandekommen vielfach so vorzustellen, daß der Mond infolge seiner Anziehung die beweglichen Wassermassen auf der ihm zugewandten Erdseite zu sich emporzieht und dadurch Flut hervorruft. Dieser Deutung widerspricht aber schon die Beobachtung, daß ein solcher *Flutberg* nicht nur auf der dem Monde zugewandten, sondern auch auf der entgegengesetzten, von ihm abgewandten Erdhälfte entsteht. Diese Erscheinung birgt die wahre physikalische Erklärung der Meeresgezeiten in sich: Sie beruht darauf, daß die

---

[1] Vgl. *A. Defant* „Ebbe und Flut". Verständliche Wissenschaft, Bd. 49

Anziehungskraft des Mondes, wie Abb. 31 anschaulich macht, an denjenigen Stellen des Erdkörpers, die ihm am nächsten gelegen sind, am größten, an den von ihm abgewandten Stellen aber am kleinsten ist. Für den festen Erdkörper selbst bedeutet diese Verschiedenheit der Anziehungskräfte so gut wie nichts; infolge seiner Starrheit folgt er ihnen als Ganzes. Das Meer aber, das den größten Teil der Erdoberfläche bedeckt, stellt eine mit dem Erdkörper nicht fest zusammenhängende und in sich bewegliche Masse dar — sie wird auf der dem Monde zugewandten Seite stärker, auf der

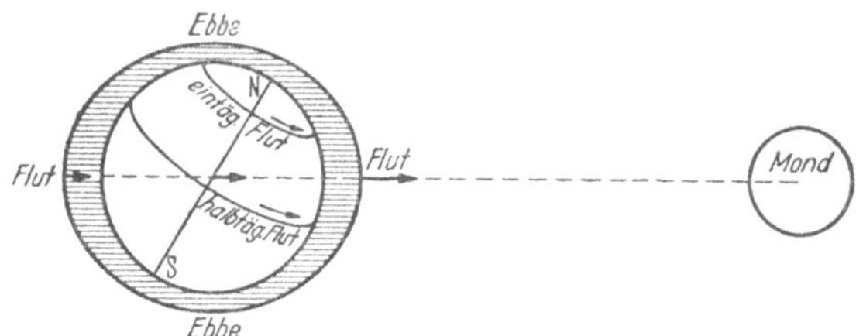

Abb. 31. Entstehung der Meeresgezeiten: Die dem Monde abgewandten Meeresteile werden weniger, die ihm zugewandten stärker angezogen als die feste Erde selbst. So entstehen zwei Flutberge, dazwischen ein Ebbering. In polaren Gebieten herrscht die eintägige, in äquatoralen die halbtägige Flut **vor, wie die** beiden eingezeichneten Beispiele unmittelbar veranschaulichen.

ihm entgegengesetzten Seite dagegen schwächer angezogen als der feste Erdball — die Folge ist, wie Abb. 31 in übertriebenem Maßstab verdeutlicht, die Entstehung zweier Flutberge, in die das Meerwasser zusammenströmt — sie füllen sich aus den dazwischenliegenden Gebieten auf, in denen Ebbe herrscht.

Da die Erde sich, wie wir gesehen haben, etwa 27mal schneller um ihre Achse dreht als der Mond um die Erde kreist, so folgt, daß die beiden Flutberge in etwa einem Tage[1] um die Erde herumlaufen — der Erdkörper dreht sich gewissermaßen unter ihnen weg. Jeder Erdort, sofern er vom Meere bedeckt ist, und sofern er von der Bahn der Flutberge in Mitleidenschaft gezogen wird, wird demnach *zweimal* am Tage Ebbe und Flut zeigen — einmal, wenn der Mond seinen höchsten Stand am Himmel dieses Ortes erreicht hat, einmal, wenn er am tiefsten unter dem Horizont steht.

---

[1] d. h. in einem *Mondtage*, der Zeit zwischen zwei Kulminationen des Mondes, die im Durchschnitt 24 Stunden 48 Minuten beträgt.

Die halbtägige Flutwelle wird allerdings nicht überall auf der Erde in Erscheinung treten, da die *Rotationsachse* der Erde nicht senkrecht auf der Mondbahn steht: In den polaren Gegenden wird ein Ort der Erdoberfläche nur einmal während eines Tages in den Bereich der Flut gelangen, einen halben Tag später dagegen das Ebbegebiet durchlaufen. In diesen Gegenden herrscht demnach eine ganztägige Flutwelle. An den Polen selbst, die an der täglichen Drehung der Erde überhaupt nicht teilnehmen, ist die Gezeitenerscheinung nur noch von der Bewegung des Mondes um die Erde abhängig; wir beobachten dort Gezeitenwellen von der Dauer eines halben oder eines ganzen Monats — hier treten auch diejenigen Änderungen der Gezeitenkräfte unmittelbar in Erscheinung, die von der wechselnden Entfernung Erde—Mond (infolge der stark elliptischen Gestalt der Mondbahn) herrühren.

Alles in allem ist demnach die Gesetzmäßigkeit der Meeresgezeiten sehr kompliziert, da einerseits die Bewegungsform des Mondes um die Erde nicht sehr einfach ist — sie gehört vielmehr zu den verwickeltsten Problemen der theoretischen Astronomie —, andererseits aber auch der Gezeiteneinfluß noch sehr wesentlich von der Lage des Gezeitenortes auf der Erdoberfläche abhängt. Immerhin wäre die Aufgabe, aus der von den Astronomen genau beschriebenen und vorausberechneten Mondbewegung auf die Art des Ebbe- und Flutwechsels an jedem beliebigen Punkte der Erdoberfläche zu schließen, ein physikalisches Problem, dessen Lösung in aller Strenge möglich sein müßte, wenn die Erde völlig mit Wasser bedeckt wäre.

Nun tritt aber zu all diesen theoretischen Schwierigkeiten noch der Umstand hinzu, daß der Bewegung des Flutberges über die Meeresoberfläche an den zahlreichen und vielgestaltigen Küsten der Kontinente eine natürliche und unüberwindliche Schranke gesetzt ist. Durch die Küsten wird die Flutwelle abgebremst, gestaut, zurückgeworfen und in andere Richtung gezwungen — es ergibt sich somit ein Bild, das von dem der Fluterscheinungen eines die ganze Erde bedeckenden Ozeans völlig verschieden ist. Wenn wir in den Hafenorten unserer Meeresküsten durch Wasserstandsmessungen die Erscheinungen der Ebbe und Flut registrieren, so erfahren wir, daß die Flutzeiten keineswegs mit dem höchsten bzw. tiefsten Mondstand zusammenfallen, sondern beachtliche

Verzögerungen aufweisen. Auch die *Höhe* der Flutwelle entspricht nicht dem für einen freien Ozean berechneten theoretischen Wert — oft wird an den Küsten durch Stauwirkung, in Buchten, Meerengen und Flußmündungen durch Zusammendrängung der von der Flut hereingeführten Wassermassen ein Hochwasser erzielt, das die theoretische Erwartung um ein Vielfaches übersteigt.

Das einzige, was uns aus der Theorie der Gezeitenerscheinungen einer freien Meeresoberfläche ohne Verzerrung erhalten bleibt, sind die *Perioden* der Wasserstandsänderung, die gleich den kosmischen Perioden der Erd- und Mondbewegung sein müssen. Daß es mehrere derartige Gezeitenperioden gibt, haben wir oben erwähnt — wir sahen, daß manche Orte eine halbtägige, manche eine ganztägige Flutperiode bevorzugen, und daß an den Polen sogar längere Gezeitenperioden sichtbar werden, solche von der Dauer eines halben oder eines ganzen Monats. In Wirklichkeit werden alle diese Perioden (und andere, die noch aus der verwickelten Art der Mondbewegung folgen) *überall* maßgebend sein — nur mit dem Unterschied, daß an einem Orte die eine, an anderem Orte eine andere dieser Perioden vorherrschend ist.

Wir können uns den ganzen Vorgang so klar machen, daß wir die gesamte Flutbewegung, die über irgendeinen Ort hinweggeht, als die Summe vieler Einzelwellen auffassen, die verschiedene Schwingungszeiten (halbtägige, ganztägige usw.), aber auch verschiedene Eintrittszeiten besitzen und verschieden große Beiträge zum Aufbau des beobachteten Vorgangs liefern. So wird im allgemeinen in kleinen und mittleren Breiten die halbtägige Flutwelle vorherrschen, in höheren Breiten dagegen die ganztägige und an den Polen selbst — soweit hier wegen der Vereisung überhaupt von Gezeiten die Rede sein kann — eine der langperiodischen Wellen den Flutverlauf kennzeichnen. Zu diesen verschiedenen Wellen, die der Fachmann als „Tiden" (englisch tide = Flut) bezeichnet, kommen dann noch die Gezeiteneinflüsse der *Sonne*, die ebenfalls eine merkliche Rolle spielen, obwohl sie nicht so groß sind wie die des Mondes.

Diese Tiden haben nun für jeden Hafenort (auf hoher See lassen sich Gezeiten nur schwer feststellen und haben auch für die Schiffahrt keine praktische Bedeutung) ihre besonderen charakteristischen Eigenschaften, die nach Eintrittszeit des Hochwassers und

Hubhöhe oft sehr von den nach der Theorie zu erwartenden Werten abweichen. So kommt es vor, daß die ganztägigen Tiden, die nach unseren obigen Überlegungen nur in hohen Breiten den Gezeitenvorgang beherrschen sollten, unter Umständen auch in Häfen nahe des Äquators an Hubhöhe die halbtägigen Tiden weit übertreffen.

Das Zusammenspiel aller Tidenarten macht den Gezeitenvorgang vielgestaltig und verwickelt. Bekannt ist die Erscheinung der *Spring-* und *Nippfluten,* die durch das Zusammenwirken der halbtägigen Sonnen- und Mondtide entsteht. Die Sonnentide hat (theoretisch) Hochwasser, wenn die Sonne (bzw. ihr Gegenpunkt am Himmel) durch den Meridian geht, die Mondtide dann, wenn dies mit dem Monde der Fall ist. Wenn nun Neumond ist, d. h. Mond und Sonne dicht beieinander am Himmel stehen, wirken die fluterzeugenden Kräfte beider Gestirne in gleicher Richtung, ihre Wirkungen summieren sich also, und es entsteht eine *Springflut* mit großer Hubhöhe. Das gleiche tritt zur Vollmondzeit ein, wenn Sonne und Mond einander gegenüber stehen. In den dazwischenliegenden Zeiten des ersten und letzten Viertels dagegen tritt zur Zeit des Hochwassers der Mondtide das Niedrigwasser der Sonnentide ein. Da die Mondtide an Hubhöhe die schwächere Sonnentide übertrifft, werden beide Wirkungen sich nicht aufheben, es wird aber zu einer starken Verminderung der Mondflutwirkung durch die Sonne kommen — das Hochwasser wird nur eine geringe Höhe erreichen *(Nippflut)*. Die Springfluten sind an manchen Küsten gefürchtet, besonders wenn das Hochwasser durch landeinwärts wehende Stürme noch verstärkt wird.

Gezeiten der Atmosphäre und des Erdkörpers. Die gezeitenerzeugenden Kräfte des Mondes wirken, ebenso wie auf den Wassermantel der Erde, auch auf ihre Lufthülle, die *Atmosphäre*. Die Luft folgt diesen Kräften infolge ihrer größeren inneren Beweglichkeit bedeutend leichter und reibungsloser als die Gewässer der Ozeane. Aber diese atmosphärischen Gezeiten sind der Beobachtung weit weniger zugänglich als die Ebbe- und Fluterscheinungen an den Meeresküsten. Sie äußern sich in einer Schwankung des *Luftdrucks,* die dem Laufe des Mondes in der gleichen Weise folgt, wie die Flutwelle des Meeres, und die daher für einzelne Beobachtungsorte die Periode eines halben oder eines ganzen Mondtages besitzt.

Diese regelmäßige Luftdruckschwankung ist in ihrer Gesamtwirkung ziemlich klein und wird von den Luftdruckverände-
rungen, die mit der Gestaltung des *Wetters* verbunden sind, so sehr
übertroffen, daß sie kaum bemerkbar ist. Während die gewöhnlichen Luftdruckschwankungen in unseren Breiten den Barometerstand oft um 30 bis 40 mm Quecksilber verändern, erreichen die
atmosphärischen Mondgezeiten nur selten „Hubhöhen" von
1—2 mm. Nur in Weltgegenden, die ein sehr gleichmäßiges
Klima besitzen, und in denen die Quecksilbersäule des Baro-
meters oft längere Zeit hindurch nur ganz wenig schwankt, treten
die halbmondtägigen Gezeitenwellen in den Luftdruckkurven
deutlich zutage, so z. B. in den Luftdruckaufzeichnungen tropisch-
ozeanischer Stationen. In Gegenden mit stark veränderlichem
Wetter dagegen bedarf es sehr schwieriger und sorgsamer „Ana-
lysen", um die kleinen Gezeiteneffekte festzustellen, die sich zu den
großen unregelmäßigen Luftdruckschwankungen etwa so verhalten wie die kleinen Kräuselungen der Meeresoberfläche zu den
gewaltigen Wogen des Ozeans. So wie das Schiff des Seefahrers
durch diese Wogen auf und ab geschaukelt, aber durch die Ober-
flächenkräuselung des Wassers nicht bewegt wird, so wird auch
das Wetter, das von den kräftigen Schwankungen des Barometer-
standes sehr abhängig ist, durch die geringfügigen atmosphärischen Gezeiten nicht merklich beeinflußt. Diese Gezeitenwirkung
ist aber auch die einzige physikalische Wirkung, die unser Mond
auf den Zustand der Atmosphäre und damit auf das Wetter ausübt.
Die alten und neuen „Wetterpropheten", die immer noch den
Lauf des Mondes als wetterbestimmenden Faktor in ihre Voraus-
sagen einbeziehen, mögen in dieser einfachen Feststellung ein
Urteil über den Wert ihrer Tätigkeit ausgesprochen sehen.

Noch geringer sind natürlich die Gezeitenwirkungen auf den
festen Erdkörper selbst. Sie sind vorhanden, denn auch der feste
Erdball ist nicht absolut starr, sondern besitzt eine gewisse Elasti-
zität und damit eine, wenn auch geringe, Nachgiebigkeit gegen die
Anziehungskräfte unseres Trabanten, die an ihm zerren und seine
Form ebenso zu verändern suchen, wie sie es bei der Form der
Meeresoberfläche mit besserem Erfolge tun. Durch sehr genaue
Schwerkraftsmessungen, die an irgendeinem Beobachtungsort fort-
laufend angestellt werden, kann man äußerst kleine Schwankungen

der Schwerkraft feststellen, die durch die jeweilige Stellung des
Mondes bedingt sind. Auch die Neigung der Lotlinie ist infolge
der Einwirkung des Mondes sehr geringen, aber noch meßbaren
Schwankungen unterworfen. Der Potsdamer Geodät *Schweydar*
leitete aus seinen Messungen für Potsdam eine Hubhöhe der
Gezeiten des Erdkörpers von etwa 12 cm ab. Irgendeine spür-
bare Wirkung haben diese minimalen Verzerrungen des Erdkörpers natürlich nicht — es sei denn, daß sie gelegentlich zur

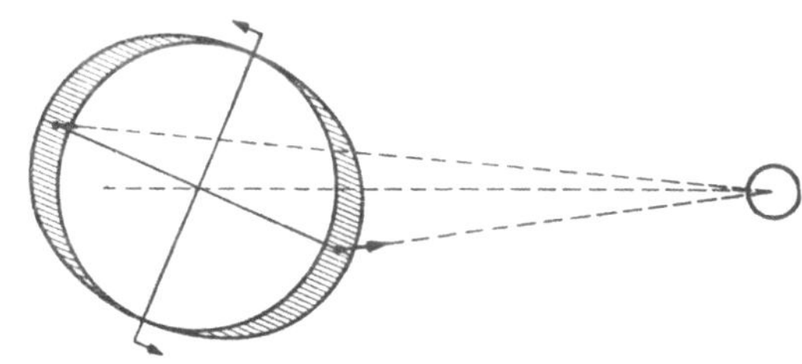

Abb. 32. Erklärung der Präzession: Der Mond (ebenso Sonne und Planeten)
übt auf den Äquatorwulst der abgeplatteten Erde Anziehungskräfte aus, und
zwar auf den ihm zunächst gelegenen Teil größere als auf die entfernteren
Teile. Dadurch entsteht ein Drehmoment, das bestrebt ist, die schief gestellte
Erdachse aufzurichten. Infolge des Trägheitsgesetzes gelingt dies Bestreben
nicht, sondern... s. Abb. 33.

Auslösung vorhandener Spannungen im Erdinnern beitragen und
somit — im Verein mit anderen Ursachen — die Entstehung von
Erdbeben erleichtern.

Die Präzession der Tag- und Nachtgleichen. Mit den Gezeitenwirkungen des Mondes ist die Liste der physikalischen Einflüsse des
Mondes auf unseren Planeten keineswegs erschöpft — wir können
aber alle übrigen mit kurzen Worten übergehen, da sie im wesentlichen in das Gebiet der reinen Astronomie fallen und somit den
Rahmen unseres Buches überschreiten. Ich meine damit die Gesamtheit aller Einwirkungen, die nach dem *Newton*schen Gesetz
der Gravitation die sehr verwickelte Bahn unseres Trabanten auf
die Bewegung der Erde im Raum hat. Nur bei einer dieser Wirkungen müssen wir einen Augenblick verweilen.

Nach den Ergebnissen des zweiten Kapitels hat die Erde die
Form eines Rotationsellipsoides, das an den Polen abgeplattet und
demnach längs des Äquators — verglichen mit der Kugelform —

wulstartig überhöht erscheint. Diese so gestaltete und sich kreisel-artig drehende Erde umläuft der Mond auf einer Bahn, deren Ebene gegen die des Äquators stark geneigt ist. Die Größe dieses Neigungswinkels ist nicht gleichbleibend, es genügt hier anzu-geben, daß sie zwischen 18 und 28^0 schwankt.

Infolge dieser Schiefe der Mondbahn gegen die Drehungsebene des Erdkörpers wird der Mond durch seine Anziehungskraft immer wieder Gelegenheit haben, auf den Äquator-wulst der Erde Zugkräfte auszuüben, deren Bestre-ben es sein muß, die Schiefstellung der Erd-achse zur Mondbahn zu beseitigen. Jedesmal, wenn der Mond sich auf seiner monatlichen Bahn aus der Äquatorebene entfernt, wird er den ihm zunächst gelegenen Teil des Äquatorwulstes, wie Abb. 32 zeigt, zu sich heranzuziehen suchen, und wenn die Erde sich nicht drehen würde, hätte er bestimmt in kür-zester Zeit sein Ziel er-reicht.

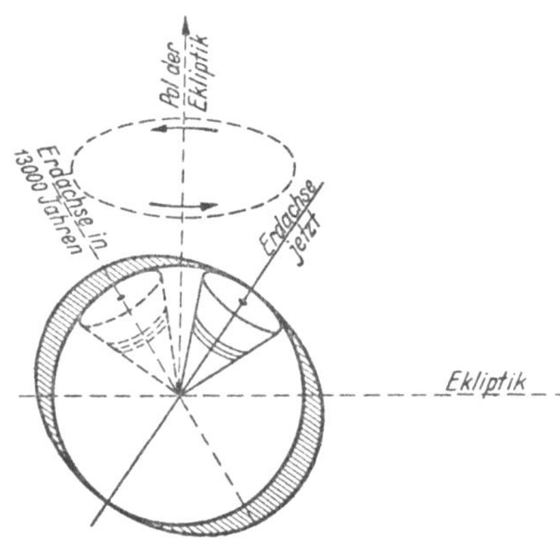

Abb. 33. ... die Erde verhält sich wie ein Kreisel, der mit schief gestellter Drehachse auf seiner Unterlage tanzt: Die Achse weicht seitlich aus und beschreibt daher unter Bei-behaltung ihres Neigungswinkels die Man-telfläche eines Kegels, dessen Achse senk-recht auf der Ekliptikebene steht und daher nach dem (unveränderlichen) Pol der Eklip-tik zeigt.

Ein sich drehender Körper hat nun aber nach bekannten Ge-setzen der Mechanik das Bestreben, seine Achsenrichtung im Raume zu bewahren. Wir beobachten dies am besten an der Be-wegung eines *Kreisels*, wie ihn die Kinder als Spielzeug benutzen. Solange der Kreisel sich dreht, steht seine Achse senkrecht auf dem Erdboden, und er schwebt auf seiner Spitze, obwohl die Schwer-kraft ständig auf ihn wirkt und bestrebt ist, ihn zu Fall zu bringen. Wenn nun die Kreiselachse nicht senkrecht steht, sondern gegen die Lotrichtung geneigt ist, so beobachten wir etwas äußerst Selt-sames: Der Kreisel fällt nicht etwa um, wie er es ohne Zweifel tun

94

würde, wenn er sich in dieser schiefen Lage nicht drehen würde. Seine Achse vermag aber unter dem Einfluß der schief auf ihn wirkenden Schwerkraft auch ihre Lage im Raum nicht mehr zu bewahren. Durch das Zusammenwirken beider Bestrebungen, der des Kreisels nach Erhaltung seines Drehzustandes und der der Schwerkraft, ihn zum Umfallen zu bringen, entsteht eine neue Bewegungsart: Die Drehachse verändert ihre Lage, aber nicht ihre Neigung gegen den Erdboden — die Kreiselachse beschreibt langsam eine Kegelfläche.

Auch die Erdachse vollführt eine derartige Bewegung. Wir haben sie bereits im vorigen Kapitel kennengelernt: Die *Präzession der Tagundnachtgleichen*, die wir dort als merkwürdige Erscheinung ohne weitere Erklärung hinnahmen, ist ihre unmittelbare Folge. Die Anziehungskraft des Mondes (und ähnlich auch die der Sonne) auf den Äquatorwulst der wie ein Kreisel rotierenden Erde spielt die Rolle der störenden Kraft; unter ihrem Einfluß verändert die Drehachse des Kreisels ihre Richtung, aber nicht die *Neigung* gegen die Ebene seiner Bahn.

Die Drehachse der Erde vollführt daher eine langsame Bewegung, die ihre Neigung gegen die Ekliptik unveränderlich läßt (bis auf kleine periodische Schwankungen, die von der rasch wechselnden Stellung des Mondes in bezug auf die Ebene des Erdäquators herrühren). Sie bewirkt, daß die Schnittlinie zwischen Äquator und Ekliptik, die Frühlings- und Herbstpunkt miteinander verbindet, in 26000 Jahren einmal um die Ekliptik herumwandert (Abb. 33). Die Präzessionsbewegung läßt sich demnach auch so beschreiben, daß man sagt: die Richtung der Erdachse, die, ins Unendliche verlängert, zu den Polen der Fixsternsphäre führt, liegt nicht fest im Raum — wenn sie heute ungefähr auf den *Polarstern* zeigt, so wird sie dies in einigen tausend Jahren nicht mehr tun. Der Himmelspol wandert vielmehr in 26000 Jahren auf einem Kreise von $23^1/_2^0$ Halbmesser um den „Pol der Ekliptik" herum, der irgendwo im Sternbild des Drachens liegt und in Wahrheit für unsere irdische Welt den „ruhenden Pol in der Erscheinungen Flucht" bedeutet.

VII. Lebensspenderin Sonne

Keinen größeren Gegensatz zwischen zwei Lebensgefährten kann man sich vorstellen als den zwischen Erde und Mond, die seit vielen Jahrmillionen ihre Bahn um die Sonne ziehen, sich einträchtig umkreisend. Die Erde ein lebensprühendes Geschöpf — der Mond eine tote Welt. Wenn wir in der Überschrift dieses Kapitels die *Sonne*, mit deren Einflüssen auf Erde und irdisches Leben wir uns jetzt beschäftigen wollen, eine Lebensspenderin genannt haben, so muß es besondere Ursachen haben, daß sie Erde und Mond — trotz der gleichen Stellung, die sie zur Sonne einnehmen — so verschieden mit ihren Gaben bedacht hat.

Die Atmosphäre als Wärmeschutz. In der Tat hat die Natur den Mond stiefmütterlich begabt und ihn der lebenerweckenden Kraft der Sonne gegenüber unempfänglich und unfruchtbar gemacht. Ihm fehlt — das ist die Hauptursache dieses krassen Gegensatzes — vor allem die *Atmosphäre*, jene Hülle aus gasförmigen Bestandteilen, die Menschen, Tieren und Pflanzen die *Atmung* ermöglichen — damit aber auch das *Wasser*, das sich auf einem atmosphärelosen Himmelskörper in flüssiger Gestalt nicht halten kann. Das Fehlen der Atmosphäre beraubt darüber hinaus den Mond jeglichen Schutzes gegen Ein- und Ausstrahlung. Auch auf der Erde können die Sonnenstrahlen, die Licht und Wärme bringen, ihre segensreiche Wirkung nur entfalten, weil sie durch das Filter der Atmosphäre gedämpft und gemildert zu uns gelangen. Auf dem Monde aber treffen sie das nackte Gestein des Bodens mit ungehinderter Gewalt und erhitzen es bei Tage auf weit über 100⁰ Celsius, während die ungehinderte Ausstrahlung bei Nacht es tiefe Temperaturen bis etwa 150⁰ unter Null annehmen läßt. Die Erde ist gegen diesen ungeheueren Temperaturwechsel zwischen Tag und Nacht durch die Lufthülle geschützt, die sie wie ein Mantel umgibt.

Warum besitzt der Mond diese schützende Atmosphäre nicht? Die *Physik* vermag uns auf diese interessante Frage eine befriedigende Auskunft zu geben: Der Grund ist die geringe *Schwerkraft*, die auf der Oberfläche unseres Trabanten herrscht. Ein Körper, der auf der Erde 6 kg wiegt, würde auf dem Monde nur 1 kg schwer sein. Dort oben fällt ein Stein langsamer zu Boden als bei uns, und wir könnten mit derselben Kraftanstrengung viel höher springen und einen Ball viel weiter werfen als auf der Erde.

Die Physiker haben nun erkannt, daß die *Gase*, also auch die atmosphärische Luft, aus Molekülen bestehen, die ständig mit sehr großer Geschwindigkeit durcheinanderwirbeln. Diese Geschwindigkeiten sind für die Moleküle verschiedener Gase sehr verschieden. Je leichter ein Gas ist, je geringer also sein Molekulargewicht, um so rascher können seine Moleküle sich bewegen. Ferner wachsen die durchschnittlichen Molekulargeschwindigkeiten mit steigender Temperatur. Zum Beispiel ist die mittlere Geschwindigkeit der Wasserstoffmoleküle bei einer Temperatur von 0^0 C rund 1840 m/sec, die der sechzehnmal schwereren Sauerstoffmoleküle aber nur rund 460 m/sec. Nun ist aber auf der Erde die Schwerkraft so stark, daß selbst mit derartig großen Geschwindigkeiten geschleuderte Geschosse immer wieder auf die Erde zurückfallen. Damit ein Geschoß die Erdanziehung überwindet und in den Weltenraum entweicht, ist vielmehr eine Anfangsgeschwindigkeit von mindestens 11200 m/sec erforderlich. Die schnellen Moleküle des leichten Wasserstoffgases erreichen diese kritische Geschwindigkeit, die ihre mittlere Geschwindigkeit um das sechsfache übertrifft, gelegentlich. Und so ist es verständlich, daß in den rund drei Milliarden Jahren, die vermutlich seit der Entstehung unseres Planeten verflossen sind, der freie Wasserstoff nach und nach bis auf geringfügige Reste aus der Erdatmosphäre in den Raum abgewandert ist. Die Moleküle des Sauerstoffs und anderer schwerer Gase wie Stickstoff, Kohlendioxyd und Wasserdampf dagegen bewegen sich viel zu langsam, als daß sie jemals die hohe „Entweichungsgeschwindigkeit" von mehr als 11 km in der Sekunde erreichen könnten.

Anders auf dem Mond. Hier ist die Oberflächenschwerkraft sechsmal geringer als auf der Erde, und die Entweichungsgeschwindigkeit beträgt nur 2400 m/sec, ist also nur wenig größer als die durchschnittliche Molekulargeschwindigkeit des Wasserstoffs und nur fünfmal so groß wie die des Sauerstoffs. Wenn jemals in Urzeiten eine Atmosphäre aus diesen Gasen den Mond umgeben hat, muß sie ständig Verluste erlitten haben, weil besonders schnelle Moleküle in den Raum enteilt sind, ohne wiederzukehren. Dieser Prozeß hat offenbar schon in grauer Vorzeit zur völligen Verarmung der Mondatmosphäre geführt, so daß heute auch nicht die geringsten Spuren einer solchen Gashülle mehr erkennbar sind.

Unsere Erde ist also in der glücklicheren Lage, einen schützenden Luftmantel zu besitzen, der die Strahlen der Sonne mildert, als Wärmeisolator dient und vor allem für eine ordentliche Ventilation sorgt. Ein zweiter Umstand, der eine segensreiche Verwertung der von der Sonne eingestrahlten Energiemengen ermöglicht, ist die verhältnismäßig kurze Dauer der Erdrotation, durch die bewirkt wird, daß alle Teile der Erdoberfläche — abgesehen von den Polargebieten, in denen ungünstigere Verhältnisse herrschen — gleichmäßig mit Licht und Wärme versorgt werden, und daß die für den Bestand des *Lebens* so verderblichen großen Temperaturunterschiede zwischen Tag und Nacht gemildert werden.

Auch in dieser Hinsicht ist unser Mond bedeutend schlechter weggekommen: Da er (aus einem Grunde, den wir im letzten Kapitel noch verstehen lernen werden) der Erde auf seinem monatlichen Kreislauf immer die gleiche Seite zukehrt, hat für ihn der „Sonnentag" die Länge eines synodischen Monats — seine Tage und Nächte sind daher fast 15 Erdentage lang. Würde die Erde sich ebenso langsam um ihre Achse drehen, so würde die Sonne 15 Tage lang auf uns herniederbrennen und eine unerträgliche Hitze erzeugen, während in der ebenso langen Nacht die Temperaturen durch Ausstrahlung erheblich sinken würden. Natürlich träte auch in solchem Falle die ausgleichende Wirkung der Lufthülle in Tätigkeit — alles in allem wären aber die Lebensbedingungen auf unserem Planeten dann bedeutend ungünstiger.

Existenz und Beschaffenheit der Lufthülle auf der rotierenden Erde sind demnach notwendige Vorbedingungen für die Entwicklung irdischen Lebens — das Leben selbst wird aber erst möglich durch *Licht* und *Wärme*, die ausschließlich von der *Sonne*, dem gewaltigen Zentralgestirn unseres Planetensystems, in reichlichem Maße gespendet werden. In frühester Vorzeit, vor unzähligen Millionen von Jahren, muß die Erde selbst ein glühender Körper gewesen sein — durch fortschreitende Abkühlung ist sie aber an der Oberfläche rasch erstarrt, und ihre Wärme hat sich nur im Innern ihres Körpers erhalten. Wir wissen, daß auch heute

noch das Erdinnere heiß ist: Wenn wir in einen tiefen Bergwerks-
schacht einfahren, so bekommen wir diese Eigenwärme der Erde
zu spüren. Durchschnittlich nimmt die Temperatur in solchen
Schächten alle 30 m um einen Grad Celsius zu — tiefer als
1000—1500 m vermag also der Mensch nur unter besonderen
Vorsichtsmaßregeln ins
Erdinnere vorzudringen.
An manchen Stellen dringt
das heiße Innere der Erde
bis an die Oberfläche vor
— warme Quellen und be-
sonders die Vulkane zei-
gen das. Im allgemeinen
aber spüren wir auf der
Erdoberfläche von der
Erdwärme nichts mehr;
sie ist nicht imstande, von
unten her für eine fühlbare
Beheizung zu sorgen, wir
sind daher ganz und gar
auf die Wärmemengen an-
gewiesen, die uns die Sonne
durch den Weltenraum zu-
strahlt.

*Größe und Abstand der
Sonne.* Eine wie ungeheu-
ere Vormachtstellung der
Sonne innerhalb der Pla-
netenfamilie zukommt,
wird uns erst richtig klar,

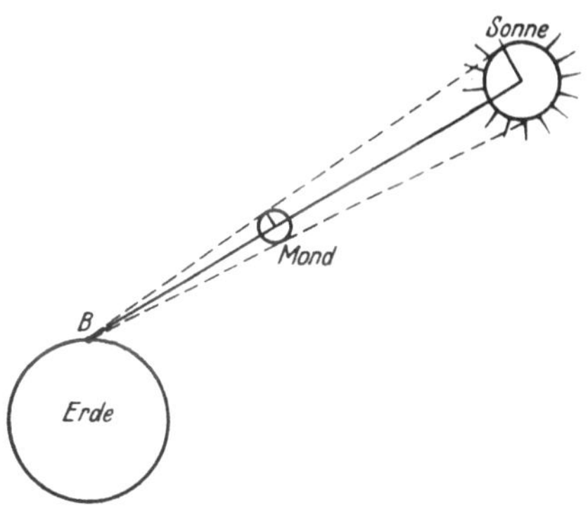

Abb. 34. Größenverhältnis zwischen Mond
und Sonne. Ein Beobachter (*B*) auf der
Erde sieht Mond und Sonne annähernd
unter dem gleichen Gesichtswinkel. Beide
erscheinen ihm gleich groß. Bei einer Sonnenfinsternis erscheint die Sonnenscheibe
genau von der Mondscheibe verdeckt. Aus
der (maßstäblich unrichtigen) Zeichnung
geht hervor, daß demnach die Sonne in
Wirklichkeit um ebensoviel größer sein
muß als der Mond, wie sie weiter von der
Erde entfernt ist. Befände sich (nach *Aristarch*, siehe Abb. 35) die Sonne in 19fa-
cher Mondentfernung, so hätte sie auch
19fache Mondgröße.

wenn wir auch die *Größe* dieses Weltkörpers im Vergleich mit
der Erde in Betracht ziehen. Im Altertum hatten die Gelehrten
nur eine sehr unzureichende Vorstellung davon. Ihrem Anblick
nach schien die Sonne ja zunächst die gleiche Größe zu haben
wie der Mond, denn beide Himmelskörper erscheinen am Himmel als Scheiben von fast genau dem gleichen Durchmesser,
nämlich von einem halben Grad (Abb. 34). Diese Übereinstimmung ist so groß, daß bei einer *Sonnenfinsternis*, wenn der Mond

die Sonne bedeckt, die Zeit der totalen Verfinsterung immer nur
wenige Augenblicke dauert. Aus der bei diesen Finsternissen durch
den Augenschein ersichtlichen Tatsache, daß immer der Mond
vor der Sonne vorbeigeht, nie umgekehrt, zogen die Alten allerdings schon frühzeitig den Schluß, daß in Wirklichkeit die Sonne
größer als der Mond ist, da sie weiter entfernt ist als dieser.

Im vorigen Kapitel erwähnten wir kurz, daß *Aristarch von Samos*,
jener große Gelehrte des Altertums, der schon die Bewegung der

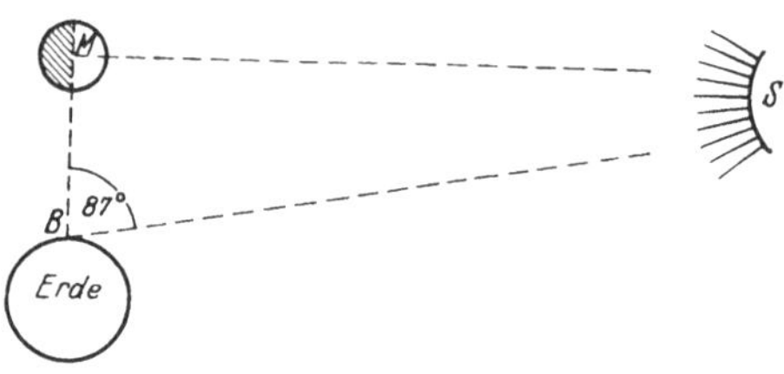

Abb. 35. *Aristarch* mißt die Entfernung der Sonne. Zur Zeit des ersten
Mondviertels ist das Dreieck *BMS* bei *M* rechtwinklig. Den Winkel bei *B*
mißt *Aristarch* zu 87°. Er berechnet daraus, daß die Entfernung *BS* 19mal
größer ist als die Entfernung *BM*. (In Wirklichkeit ist der Winkel bei *B* nur
wenige Bogenminuten kleiner als 90° und die Entfernung *BS* fast 400mal
so groß wie *BM*.

Erde um die Sonne lehrte, einen Versuch machte, die Entfernung
der Sonne und damit ihre Größe wirklich zu messen. Wenn dieser
Versuch auch nicht zum richtigen Ergebnis führte, so ist er doch
der Methode nach richtig und so einfach und anschaulich, daß er
sich mit ein paar Worten und einer kleinen Skizze (Abb. 35) verständlich machen läßt.

Aristarch betrachtete die Stellung der drei Himmelskörper Erde,
Mond und Sonne im Augenblick des ersten Viertels, in dem also
von dem Beobachtungsort *B* aus die Hälfte der Mondscheibe beleuchtet, die andere Hälfte dunkel erscheint. Offenbar ist dies der
Fall, wenn der Winkel des Dreiecks *BMS*, der beim Monde liegt,
ein rechter ist (90°). *BMS* ist demnach ein rechtwinkliges Dreieck.
Wird die Entfernung Erde—Mond als bekannt vorausgesetzt (wir
erfuhren (S. 82), daß die griechischen Astronomen sie schon recht
genau bestimmt hatten), so brauchen wir nur den Winkel bei *B*
auszumessen, um das ganze Dreieck im richtigen Größenverhältnis zeichnen zu können. *Aristarch* setzte nun für den Winkel bei *B*

fälschlich 87⁰ ein und gelangte so zu dem Ergebnis, daß die Entfernung der Sonne etwa das 19fache der Mondentfernung betrage. Da Mond und Sonne die gleiche scheinbare Größe haben, mußte demgemäß auch der wahre Durchmesser der Sonne den des Mondes um das 19fache übertreffen, also etwa gleich dem 5fachen des Erddurchmessers sein.

Die antiken Astronomen erkannten demnach schon, daß von den drei Weltkörpern Erde, Mond und Sonne die letztere der größte ist — immerhin war das Übergewicht, das sie der Sonne zubilligten, nicht sehr überwältigend. Auch dachten sie noch nicht im entferntesten daran, etwa den Begriff der *Masse* in ihre Betrachtungen über die Beschaffenheit der Himmelskörper einzubeziehen. Wenn sie über die Natur der Sonne überhaupt eine Meinung hatten, so war es die, daß die Sonne aus „Feuer" bestünde. Das Feuer aber war den Alten, im Gegensatz zur festen, schweren und wohlgefügten Erde, ein flüchtiges Element, ohne Form und Gewicht, noch unmaterieller als die Luft. Was besagte es da schon, daß dieses himmlische Feuer, die Sonne, in weiter Himmelsferne einen Platz einnahm, der das Volumen der Erdkugel mehrfach übertraf!

Die Parallaxe der Gestirne. Erst die neuere Astronomie hat über diese Dinge Klarheit gebracht. Die Methode des *Aristarch* zur Bestimmung der Sonnenentfernung war sehr ungenau, mußte aber bei sorgfältiger Messung doch zu Ergebnissen führen, die der Wahrheit besser entsprachen. Merkwürdigerweise dauerte es bis zum Jahre 1650, ehe dieser Versuch wiederholt wurde. Der belgische Geistliche *Gottfried Wendelin* fand durch genaue Messungen für den Winkel bei B anstatt der *Aristarch*schen 87⁰ den besseren, wenn auch immer noch nicht genau richtigen Wert $89^3/_4{}^0$, aus dem für die Sonnenentfernung nahezu das 250-fache der Mondentfernung folgte.

Die Messung der Entfernung der Himmelskörper hat, obwohl rein astronomischer Natur, doch für den Gegenstand dieses Buches eine große Bedeutung: durch sie gelingt es, unsere Erde nicht nur begriffsmäßig, sondern auch *maßstäblich* in das Gefüge des Weltgebäudes einzugliedern. Darüber hinaus hat die Bestimmung der Entfernung Erde—Sonne noch einen weiteren Sinn. Durch sie wird der *Durchmesser der Erdbahn* festgestellt und in irdischem Maß ausgedrückt. Dieser Durchmesser aber ist für uns nicht eine beliebige geometrische Größe; er ist vielmehr das Grundmaß für die Weite der jährlichen Reise durch den Weltenraum, die wir auf dem um seine Achse wirbelnden Gefährt, der Erdkugel, zurücklegen. Der Durchmesser der Erdbahn stellt die größte Entfernung dar, die zwischen zwei beliebigen Standorten der Erde im Raum erreicht werden kann (vorausgesetzt, daß wir die Sonne als ruhend annehmen) und damit die größte *Basislinie* im Weltenraum (vgl. S. 29), die wir mit unseren Instrumenten

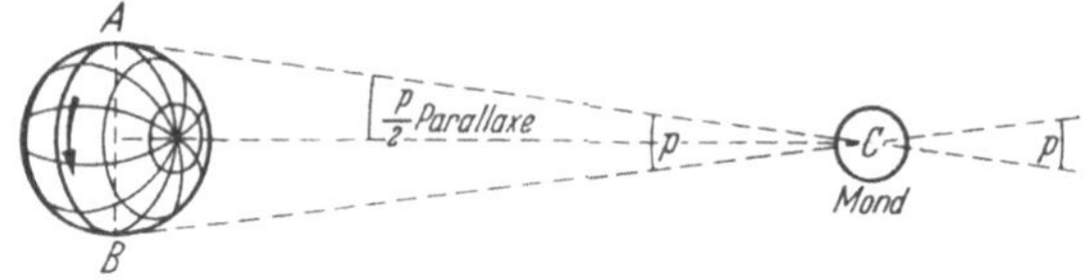

Abb. 36. Tägliche Parallaxe des Mondes. Infolge der Erddrehung wird der Punkt *A* in 12 Stunden nach *B* gelangen. Die Richtung nach dem Monde ändert sich infolgedessen um den Winkel *p*. Das gleichschenklige Dreieck *ABC* ist durch die Basis *AB* (Erddurchmesser) und den meßbaren Winkel *p* vollkommen bestimmt, also auch die Mondentfernung. $\frac{1}{2}p$ ist der Winkel, unter dem, vom Monde aus gesehen, der Erdhalbmesser erscheint.

unter Zuhilfenahme der Erdbewegung „abschreiten" können. Die genaue Kenntnis ihrer Länge ist die Vorbedingung für eine Ausmessung des Weltgebäudes überhaupt, soweit wir hierfür jene Methoden heranziehen, die wir auch bei der Ausmessung irdischer Gebiete kennengelernt haben: die Methoden der Triangulation.

Auf dem Erdkörper selbst haben wir Basislinien zur Verfügung, die ganz wesentlich kürzer sind — die längste unter ihnen ist der Durchmesser der Erde selbst, der nach den Ergebnissen der Gradmessungen etwa 12750 km mißt. Ihn können wir theoretisch (in der Praxis begnügt man sich aus technischen Gründen mit kleineren Basislinien) als Basislinie für die Entfernungsbestimmung der uns nächsten Himmelskörper benutzen, indem wir, genau das Beispiel der Abb. 36 nachahmend, die Richtungen bestimmen, in denen der Himmelskörper den Beobachtern an den beiden Endpunkten der Basislinie erscheint. Diese Messung kann sogar von einem und demselben Beobachter vorgenommen werden, ohne daß deswegen eine lange Reise nötig ist, denn die tägliche Drehung der Erde selbst sorgt ja schon für den Transport des

Beobachters über weite Strecken. Der Astronom mißt nun bei derartigen Entfernungsbestimmungen nicht die beiden Winkel zwischen der Basislinie und den Richtungen, die von den Endpunkten der Basis nach dem Gestirn führen (Winkel bei A und B in Abb. 36), sondern den dritten, sehr kleinen Winkel im Meßdreieck, der beim Stern liegt und den Unterschied der beiden Richtungen wiedergibt. Dieser Winkel (p) läßt sich auch deuten als der Gesichtswinkel, unter dem — vom Stern aus gesehen — die Basislinie AB erscheinen würde.

Ist die Basislinie der Erddurchmesser selbst, so stellt der Winkel p (Abb. 36) den Gesichtswinkel dar, unter dem ein gedachter Beobachter auf dem Himmelskörper die Erdkugel erblicken würde. Die Hälfte dieses Winkels — also die scheinbare Größe des Erdhalbmessers, vom Gestirn aus betrachtet, heißt die *tägliche Parallaxe* des Gestirns[1]. Die Parallaxe ist um so kleiner, je größer die Entfernung ist — sie steht mit ihr in einem einfachen gesetzmäßigen Zusammenhang und kann daher an Stelle der Entfernung selbst als Ausdruck der Entfernung verwendet werden —, die Astronomen gebrauchen sie stets, weil sie sich aus den Ergebnissen der Beobachtungen, die ja immer in Winkelmessungen bestehen, leicht ableiten läßt, und weil ihre Angabe noch unabhängig von der anzunehmenden Basislänge ist.

Moderne Bestimmung der Sonnenparallaxe. So entsprach die Messung der Sonnenentfernung durch *Aristarch* einer *Sonnenparallaxe* von 3 Bogenminuten, während *Wendelin* nur 14 Bogensekunden fand. Der heute als richtig erkannte Wert beträgt 8,80 Bogensekunden und führt auf eine Sonnenentfernung von rund 390 Mondentfernungen oder 150 Millionen km. Dieser moderne Wert ist nicht durch direkte trigonometrische Vermessung der Sonne von den Endpunkten einer irdischen Basislinie aus erfolgt — das hätte große Schwierigkeiten gemacht, da die Sonne wegen ihrer großen Helligkeit ein ungünstiges Beobachtungsobjekt für feine Messungen darstellt — sondern vielmehr auf indirektem Wege.

Die Mittel dazu lieferte die Erkenntnis der mechanischen Struktur des Planetensystems, die in ihrer Grundform in den Gesetzen *Keplers* niedergelegt ist. Das dritte *Kepler*sche Gesetz lautet

---

[1] Der Winkel, unter dem von einem Fixstern aus der Radius der *Erdbahn* erscheint, heißt zum Unterschied davon die *jährliche* Parallaxe.

nämlich: Die Kuben der großen Halbachsen der Bahnen der Planeten verhalten sich umgekehrt wie die Quadrate der Umlaufszeiten. Damit sind die Dimensionen der Planetenbahnen in eine feste Beziehung zu den Umlaufszeiten um die Sonne gebracht worden. Da wir die Umlaufszeiten der Planeten aber genau kennen, so kennen wir auch die Verhältnisse zwischen ihren großen Halbachsen, d. h. den mittleren Entfernungen der Planeten von der Sonne. Aus diesem Gesetz folgt also, daß uns sämtliche Entfernungen im Planetensystem bekannt sind, wenn wir nur *eine einzige* dieser Entfernungen wirklich ausgemessen haben. Es ist demnach gar nicht notwendig, die beobachtungstechnisch so schwer zu erfassende Entfernung Sonne—Erde direkt zu messen, sondern es genügt vollständig, die Entfernung irgendeines anderen Planeten unseres Sonnensystems, dessen Bahnverhältnisse bekannt sind, in einem günstigen Augenblick — etwa dann, wenn er uns am nächsten steht — durch Triangulation zu bestimmen.

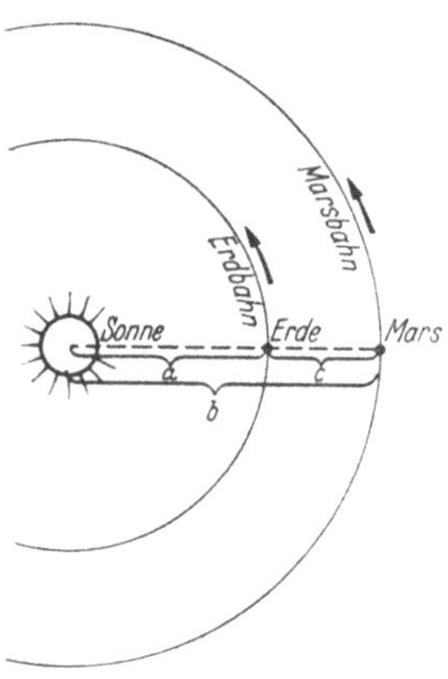

Abb. 37. Bestimmung der Sonnenparallaxe durch Beobachtung des Planeten Mars in der Opposition: Die Parallaxe und damit die Entfernung des Mars ist am leichtesten meßbar, wenn Mars in Erdnähe steht, wie in der Abbildung. — Das Verhältnis $b:a$ ist nach dem dritten *Kepler*schen Gesetz bekannt. Die gemessene Marsentfernung ist $c = b — a$. Aus diesen beiden Stücken läßt sich a, die Sonnenentfernung, leicht berechnen.

Diesen Ausweg erkannte man bald, nachdem das heliozentrische System Eingang in die Wissenschaft gefunden hatte und durch *Newtons* Gravitationsgesetz fest begründet worden war. Die erste moderne Bestimmung der Sonnenparallaxe wurde von *Richer* auf seiner schon S. 31 erwähnten Expedition nach Cayenne (1671) durch Messung der Parallaxe des *Mars* (Abb. 37) während seiner damaligen großen Erdnähe vorgenommen und ergab mit $9^{1}/_{2}$ Bogensekunden einen für damalige Verhältnisse ausgezeichneten Wert.

Von den später angewandten Methoden ist besonders interessant die der Beobachtung des Planeten *Venus* während seiner sehr selten vorkommenden Vorübergänge vor der Sonnenscheibe. Von verschiedenen Erdorten aus beobachtet, erfolgt dieser Vorübergang (Venus erscheint dann als winziger schwarzer Fleck vor der Sonne) längs verschiedenen Sehnen der Sonnenscheibe (Abb. 38) — aus der Lage dieser Sehnen läßt sich die Parallaxe des Planeten leicht ableiten. Diese schöne Methode wurde schon 1639 von *Halley* vorgeschlagen und erstmalig bei den Venusvorübergängen von 1761 und 1769 ausprobiert. Diese Versuche ergaben als Sonnenparallaxe den Wert von $8\frac{1}{2}$ Bogensekunden. Heute benutzt man zur genauen Bestimmung der Sonnenparallaxe die kleinen Planeten, die zwischen Mars- und Jupiterbahn in großer Zahl die Sonne umkreisen, und von denen einige so stark exzentrische Bahnen haben, daß sie — wie z. B. der Planet *Eros* (Abb. 39) — von Zeit zu Zeit der Erde näher kommen als jeder andere Himmelskörper, mit Ausnahme des Mondes.

Nachdem wir durch die Bestimmung der Sonnenparallaxe erfahren haben, daß die mittlere Entfernung der Sonne von uns fast das 400fache der Mondentfernung beträgt, wissen wir auch, daß ihr wirklicher Durchmesser den des Mondes um gleich viel übertreffen muß — er ergibt sich damit zu rund 110 Erddurchmessern oder fast 1,4 Millionen km.

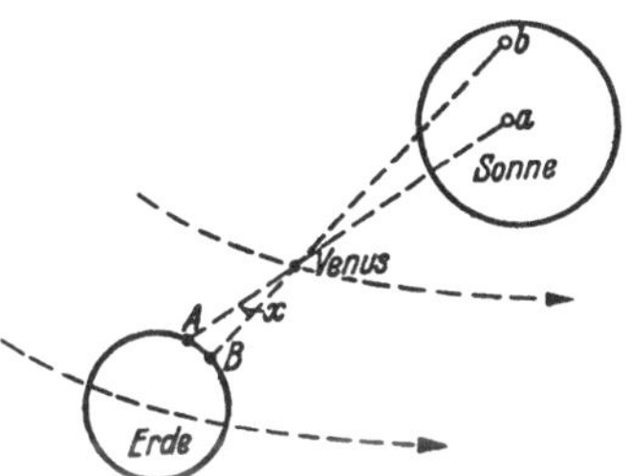

Abb. 38. Bestimmung der Sonnenparallaxe aus Vorübergängen des Planeten Venus vor der Sonnenscheibe. Von zwei nord-südlich zueinander gelegenen Erdorten A und B aus projiziert sich die Venus auf verschiedene Stellen (a und b) der Sonnenscheibe. Damit läßt sich der Winkel x, daraus die Venusparallaxe und somit nach dem dritten *Kepler*schen Gesetz auch die Sonnenparallaxe ableiten.

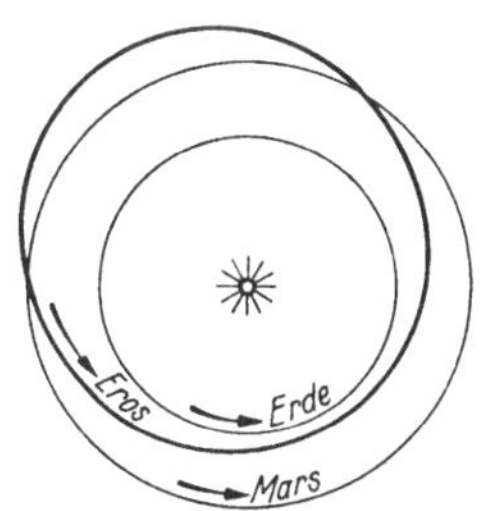

Abb. 39. Die Bahn des kleinen Planeten Eros ist sehr stark exzentrisch. In seiner Sonnennähe kommt er sehr dicht an die Erdbahn heran. In besonders günstigen Fällen, die etwa alle 30 Jahre eintreten, nähert er sich der Erde so weit, daß eine Parallaxenbestimmung (und damit die Bestimmung der Sonnenparallaxe) mit größter Genauigkeit möglich ist.

Denken wir uns die Erde in den Mittelpunkt der Sonne versetzt, so würde die Sonnenoberfläche auch die gesamte Mondbahn umschließen — erst ein Kreis, dessen Durchmesser den der Mondbahn um fast das Doppelte übertrifft, würde den Umfang des Sonnenkörpers versinnbildlichen (Abb. 40).

Masse und Dichte der Sonne. Diese ungeheure Größe des Sonnenballs macht uns seine zentrale Stellung im Planetensystem begreiflich. Auch die naive Vorstellung der Alten von der leichten ätherischen Beschaffenheit des Sonnenstoffes ließ sich nicht lange aufrechterhalten, nachdem über die wirklichen Ausmessungen des Sonnensystems und seiner Körper Klarheit entstanden war. Die Gravitationstheorie *Newtons* ergab nämlich mehr als nur die Erklärung der *Bewegungen* der Planeten und Monde — da sie von der Anziehungskraft der Massen ausging, erlaubte sie auch, einen unmittelbaren Vergleich zwischen den Massen der einzelnen Himmelskörper zu ziehen — die Umlaufszeiten der Trabanten um ihre Zentralkörper hängen nicht nur vom Radius ihrer Bahnen ab, sondern sind um so kleiner,

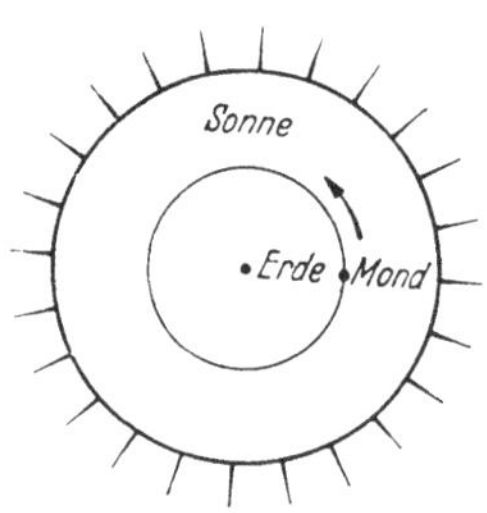

Abb. 40. Versetzt man die Erde in den Mittelpunkt der Sonne, so hat innerhalb des Sonnenkörpers auch die ganze Mondbahn bequem Platz. Der Umfang der Sonne ist fast doppelt so groß wie der der Mondbahn um die Erde.

je größer die Masse des Zentralgestirns ist. Aus dem Vergleich zwischen Bahngröße und Umlaufszeit der Erde um die Sonne einerseits und des Mondes um die Erde andererseits konnte man so einen Schluß ziehen auf das Massenverhältnis zwischen den Zentralkörpern dieser beiden Bewegungen — Sonne und Erde. Eine einfache Rechnung ergab, daß die Masse der Sonne 333 000mal so groß ist wie die des Erdkörpers. Wäre die Sonne in ihrem stofflichen Aufbau ebenso dicht gefügt wie die Erde, so müßte sie — entsprechend ihrem gewaltigen Rauminhalt — allerdings noch viermal so viel Masse haben, wie die obengenannte Zahl angibt; d. h. aber: die *Dichte* der Sonnenmaterie ist viermal kleiner als die der Erde, die Sonne ist also tatsächlich lockerer aufgebaut als unser Planet. Ihre Überlegenheit auch an Masse bleibt trotzdem bestehen: alle Planeten zusammengenommen wiegen noch nicht den 750. Teil der Sonnenmasse auf.

Das Spektrum des Sonnenlichts. Seit dem Beginn des vorigen Jahrhunderts hat sich die Astronomie mit wachsendem Erfolg der Erforschung der physikalischen Beschaffenheit der Sonne zugewandt. Wenn wir die gewaltigen Wirkungen verstehen wollen, die dieses Gestirn auf die Gestaltung des irdischen Lebens ausübt, ist es wichtig, uns einige Ergebnisse jener Bemühungen vor Augen zu führen.

Die Geschichte der Sonnenphysik begann mit der Erfindung des *Spektroskops* und der Entdeckung der *Fraunhoferschen Linien* im Sonnenspektrum. Läßt man ein schmales Bündel Sonnenstrahlen durch ein *Glasprisma* fallen, so breitet es sich fächerförmig aus und erscheint, wenn es auf einem weißen Schirm aufgefangen wird, in ein farbiges Band mit den Regenbogenfarben (rot, orange, gelb, grün, blau, violett) auseinandergezogen. Diese Erscheinung, *Spektrum* genannt, hat ihre Ursache darin, daß das weiße Sonnenlicht ein Gemisch aus Bestandteilen verschiedener Farbe (physikalisch gesehen verschiedener Wellenlänge) ist, die durch das Prisma voneinander getrennt werden, weil die verschiedenfarbigen Strahlen verschieden stark durch das Prisma gebrochen werden, die kurzwelligen blauen Strahlen stärker als die langwelligen roten. Es gibt auch *einfarbiges* Licht. Wenn wir z. B. in einer Gasflamme Kochsalz zum Glühen bringen, so entsteht ein rein *gelbes Licht*, dessen Spektrum nicht bandförmig ist, sondern aus einer einzigen schmalen Linie im gelben Teil des Spektrums besteht. Diese gelbe Linie (genauer genommen eine sehr enge Doppellinie) tritt immer auf, wenn ein Stoff leuchtet, der, wie das Kochsalz, das Metall *Natrium* als Bestandteil enthält. Das *Spektroskop* ist nun ein Instrument, durch das man das durch einen Satz von Prismen stark auseinandergezogene Spektrum irgendeiner Lichtquelle durch ein Fernrohr in seinen feinsten Einzelheiten betrachten kann. Durch Laboratoriumsversuche hat man festgestellt, welche Linien und Linienserien im Spektrum entstehen, wenn die verschiedensten Stoffe zum Glühen gebracht werden, und man benutzt dieses schöne Instrument daher mit großem Erfolg, um das Vorhandensein irgendwelcher Stoffe in glühenden Substanzen nachzuweisen.

Im Spektrum des Sonnenlichts wurden am Anfang des vorigen Jahrhunderts *dunkle* Linien entdeckt, die etwas später (1814) durch *Fraunhofer* genau studiert und beschrieben wurden. Diese

*Fraunhofer*schen Linien stimmen ihrer Lage im Spektrum nach genau mit den hellen Linien überein, die man im Laboratorium an leuchtenden Stoffen beobachtet hatte. Man fand bald durch Versuche die Erklärung für diese „Umkehr der Spektrallinien": Jeder Stoff, der in gasförmig-glühendem Zustand Licht von einer bestimmten Wellenlänge (Farbe) auszusenden imstande ist, ist fähig, im abgekühlten Zustande gerade dieses Licht besonders stark zu absorbieren. Diese einfache physikalische Feststellung führte zu außerordentlich aufschlußreichen Folgerungen über die Natur unserer Sonne. Die Sonne besteht in ihren tieferen Schichten aus glühenden Gasen der verschiedenartigsten chemischen Beschaffenheit. Das Licht, das aus den Tiefen des Sonnenkörpers nach außen dringt, muß aber nun durch eine vergleichsmäßig viel „kühlere" Oberschicht, eine Art Atmosphäre, hindurch, in der nun diejenigen Wellenlängen des Lichtes absorbiert, d. h. verschluckt werden, die den in der Sonnenatmosphäre vorhandenen Stoffen entsprechen. Die dunklen *Fraunhofer*schen Linien geben uns demnach von der stofflichen Zusammensetzung der Sonnenatmosphäre Kunde — wir finden in ihr die verschiedensten chemischen Elemente wieder, besonders Wasserstoff, Kalzium, Magnesium, Eisen, aber auch fast alle übrigen auf der Erde bekannten Stoffe. Einer von ihnen, das Edelgas *Helium* (das als Füllung von Luftschiffen bekannt ist), wurde sogar erst nachträglich auf der Erde angefunden, nachdem man seine Existenz auf der Sonne spektroskopisch festgestellt hatte.

Die Erscheinung der *Fraunhofer*schen Linien allein ließ nun schon gewisse Schlüsse auf die Höhe der *Temperatur* zu, die auf der Sonne herrscht — sie muß wenigstens in den Schichten, aus denen das Sonnenlicht hervordringt, diejenigen Hitzegrade übersteigen, bei denen die in Frage stehenden Stoffe in den gasförmigen Zustand übergehen. Sie beträgt also sicher mehrere tausend Grad. Eine einfache Überlegung zeigt aber, daß es möglich ist, aus der Beschaffenheit des Spektrums noch mehr über die Sonnentemperatur zu erfahren. Wenn wir einen festen Körper, etwa ein Stück Eisen, erhitzen, so beginnt er bei Temperaturen über 500^0 C in Rotglut zu leuchten. Bei höherer Temperatur wird die Färbung der Glut gelblich, schließlich rein weiß und bei ganz extrem hohen Temperaturen etwas bläulich.

Diese fortschreitende Farbänderung prägt sich noch deutlicher in der Gestalt des *Spektrums* aus: Die einzelnen Spektralteile sind nicht gleich hell, vielmehr gibt es immer ein Spektralgebiet, das am intensivsten leuchtet. Bei Rotglut, also bei verhältnismäßig niederer Temperatur, liegt das Maximum der Helligkeit im roten Teil des Spektrums, bei wachsender Temperatur wandert es immer weiter nach dem blauen Ende zu (Abb. 41), und die Physiker haben durch Versuche und in Übereinstimmung damit durch

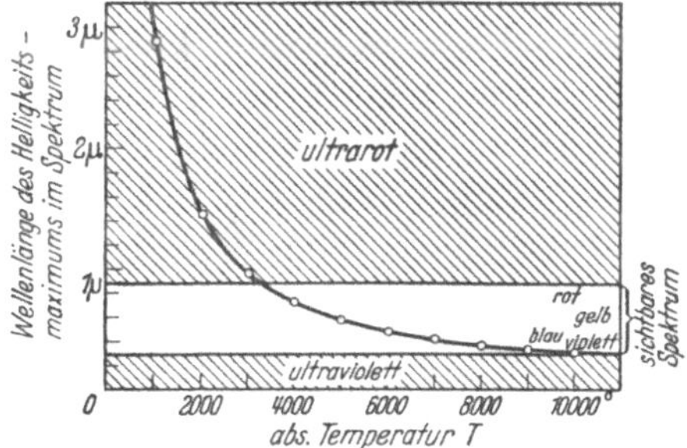

Abb. 41. Lage des Helligkeitsmaximums im Spektrum von Sternen verschiedener Oberflächentemperatur. Unten: Absolute Temperatur bis 10 000°, links: Wellenlänge des Helligkeitsmaximums im Spektrum, ausgedrückt in μ ($1\,\mu = {}^1/_{1000}$ mm). Bei Sternen von 3—4000° liegt der hellste Teil des Spektrums im Roten, bei 5—6000° im Gelben, bei 7—8000° im Blauen usw.

theoretische Überlegungen ein Gesetz gefunden, nach dem aus der Helligkeitsverteilung im Spektrum auf die Temperatur der leuchtenden Substanz geschlossen werden kann. Für die Temperatur der lichtaussendenden Schicht der Sonne, der sogenannten *Photosphäre*, findet man hiernach Werte von nicht ganz 6000°.

Der Strahlungshaushalt der Sonne. Wir sind nach diesen Feststellungen in der Lage, die Energiemengen, die von der Sonne in Form von *Strahlung* in den Weltenraum verbreitet werden, ziemlich genau abzuschätzen. Diese Energiemengen sind ungeheuer groß und für uns ein Sinnbild der verschwenderischen Fülle der Natur. Denn nur ein winziger, fast verschwindend kleiner Teil der Sonnenstrahlung wird von den Planeten aufgefangen und dient zu deren Beleuchtung und Erwärmung — die Erde z. B. erhält nur wenig mehr als den zweimilliardsten Teil der gesamten Sonnenenergie. Alles andere breitet sich mit Lichtgeschwindigkeit nach allen Richtungen hin aus und verliert sich in den unendlichen Weiten des Raumes.

Man hat gemessen, daß auf jeden Quadratzentimeter der Oberfläche der Erde bei senkrechter Einstrahlung rund zwei Grammkalorien Energie in der Minute fallen (das entspricht der Wärmemenge, die notwendig ist, um 2 g Wasser um 1^0 C zu erwärmen). Aus dieser Zahl läßt sich berechnen, daß die gesamte Energiemenge, die die Sonne *in jeder Sekunde* abgibt, den unvorstellbar großen Betrag von 100 Quadrillionen[1] Grammkalorien erreicht. Man fragt sich erstaunt, wie lange selbst ein Kraftwerk von der ungeheuren Größe unserer Sonne imstande sein wird, eine solche Belastung zu ertragen, und wie lange es wohl dauern mag, bis die gewaltigen Energievorräte, über die unser Zentralgestirn verfügt, erschöpft sein werden, wenn diese Kraftverschwendung ohne Unterbrechung weiter vor sich geht. Wir stehen hier tatsächlich vor einem der größten Rätsel der Natur. Wenn wir annehmen, daß die Sonne den ständigen Wärmeverlust dadurch wieder ausgleicht, daß ihr Körper sich zusammenzieht und dadurch Wärme neu erzeugt, könnte ihre jetzige Strahlungsbilanz kaum länger als 10 Millionen Jahre hindurch aufrechterhalten bleiben. Das kommt uns kurzlebigen Geschöpfen sehr lange vor — wenn wir aber dagegenhalten, daß die großen Entwicklungsperioden, die unsere Erde durchgemacht hat, viele Hunderte von Jahrmillionen gedauert haben, so sind jene 10 Millionen Jahre nur eine kurze Episode im Weltenleben.

Wir müssen daher annehmen, daß die Sonne noch über andere Energiequellen von unfaßbarem Reichtum verfügt. Die moderne Sonnenphysik, die sich die Erkenntnisse der *Atomphysik* fortlaufend zunutze macht, hat dieses Rätsel gelöst. Die physikalischen Zustände im Innern einer Gaskugel von der Größe und Masse unserer Sonne lassen sich auf Grund der Zustände, die wir an ihrer Oberfläche vorfinden, mit ziemlich großer Sicherheit abschätzen. So ist uns der gewaltige Druck bekannt, unter dem im Innern der Sonne die Materie zusammengepreßt wird, und wir wissen, daß die Temperatur im Sonnenmittelpunkt die Größenordnung von 15—20 Millionen Grad erreicht. Diese abnormen Verhältnisse

---

[1] 1 Quadrillion = 1 000 000 000 000 000 000 000 000 = 10^{24}.

schaffen die notwendigen Vorbedingungen für Atomkernumwand-
lungen, die ungeheure Energiemengen frei werden lassen, und die
denjenigen ähnlich sind, die bei der Explosion einer Wasserstoff-
bombe beobachtet werden. Es kann kaum daran gezweifelt werden,
daß das Innere der Sonne einem „Atommeiler" gleicht, in dem der
große Wasserstoffvorrat der Sonne allmählich in Helium umge-
wandelt wird, eine Kernreaktion, die soviel Energie liefert, daß
der Bestand unserer Sonne als Licht- und Wärmespenderin noch
für lange Zeiträume, bestimmt für viele Milliarden Jahre, sicher-
gestellt bleibt.

Der Wärmehaushalt der Erde. Klimaschwankungen. Nichts, was
auf der Erde lebt, könnte bestehen, nichts, was auf ihr geschieht,
vor sich gehen, wenn nicht die Sonne ständig den Betriebsstoff
dazu lieferte. Diese Strahlungsenergie, jene 2 Grammkalorien pro
Quadratzentimeter und Minute, unterhält alles Leben und We-
ben auf unserem Planeten. An der Erdoberfläche trifft allerdings
nur ein Teil dieser Energiemenge ein, das übrige wird unterwegs
durch die Atmosphäre absorbiert und zur Erwärmung der Luftmassen mit verwendet. Die auf den Erdboden gelangende Strahlung erwärmt diesen, wird aber zum Teil wieder in die Luft hinaus
zurückgeworfen. Ein Teil der zur Erde gelangenden Energie findet
seinen Weg somit wieder in den Weltenraum hinaus und geht verloren — der auf der Erde verbleibende Teil setzt sich in Wärme
und andere Energieformen um und liefert so den Betriebsstoff für
die Aufrechterhaltung aller irdischen Vorgänge, gleichviel, ob sie
der lebendigen oder der toten Natur angehören[1]. Mit der Erwärmung allein ist es ja nicht getan. Die erwärmten Luftmassen werden in Bewegung gebracht, Schnee und Eis schmelzen, die Gewässer verdunsten und erfüllen die Atmosphäre mit Wasserdampf,
der sich an anderen Stellen wieder zu Wolken und Nebel ver-
dichtet oder als Regen, Schnee und Hagel niederfällt. So entsteht
ein ewiger Kreislauf von Luft- und Meeresströmungen und der
Kreislauf des Wassers, der die Erde fruchtbar macht, Bäche und
Ströme fließen läßt und somit die Erdrinde erst zu einem lebenden
und sich ständig verändernden und erneuernden Organismus
macht.

---

[1] Näheres über den „Wärmehaushalt der Erde" findet der Leser in Bd. 15
dieser Sammlung: *H. v. Ficker*, Wetter und Wetterentwicklung.

Wir haben oben gesehen, daß in Zeiträumen, die wir Menschen nicht zu überblicken vermögen, ein Nachlassen dieser lebenspendenden Tätigkeit unserer Sonne nicht zu befürchten ist. Selbst wenn jene 2 Grammkalorien pro Quadratzentimeter in der Minute, die man als „Solarkonstante" zu bezeichnen pflegt, keine wirkliche *Konstante* (d. h. eine sich immer gleichbleibende Größe) sein sollte, sondern im Laufe der Jahrmillionen langsam ab- oder zunehmen würde, so wäre das eine Feststellung von geringem Interesse. Weit wichtiger wäre es zu wissen, ob neben einer solchen stetigen, unmerklich kleinen fortschreitenden Änderung der Solarkonstante noch größere Schwankungen von fühlbarem Betrage und kürzerer oder längerer Dauer auftreten, die sich zwar in ihrer Wirkung mit der Zeit immer wieder ausgleichen, aber doch den gesamten Wärmehaushalt der Erde merklich in Unordnung bringen könnten.

Wenn wir diese Frage aufwerfen, denken wir unwillkürlich an die vergangenen erdgeschichtlichen Perioden, in denen Klimaverhältnisse auf der Erde geherrscht haben müssen, die von den jetzigen wesentlich verschieden waren. Insbesondere denken wir an die Eiszeiten, die der jüngeren Vergangenheit der Erde angehören, und bis in die wir die Vorgeschichte der Menschheit noch zurückverfolgen können. Theoretisch könnten solche Perioden der Vereisung großer Gebiete der Erdoberfläche dadurch entstanden sein, daß die Energiestrahlung der Sonne langperiodischen Schwankungen unterworfen war.

Leider ist diese Frage auf direktem Wege nicht zu beantworten, denn wir wissen zwar von den Menschen der Eiszeit, daß sie das Mammut und den Höhlenbären jagten, aber Messungen der Solarkonstante sind uns von ihnen nicht überliefert worden. Zudem ist mit großer Wahrscheinlichkeit eine andere Ursache für den Temperaturrückgang mancher Gebiete während der Eiszeiten maßgebend gewesen: eine „säkulare", d. h. erst im Laufe langer Zeiträume merklich werdende Veränderung der *Schiefe der Ekliptik*, jenes Winkels, um den die Erdäquatorebene zu der Erdbahnebene schiefgestellt ist. Wir haben früher (S. 71, 95) angenommen, daß dieser Winkel unveränderlich sei. Das ist nicht ganz richtig, denn die Störungen der anderen Planeten rufen langsame Änderungen dieser für die Gestaltung der Jahreszeiten auf der Erde

verantwortlichen Größe hervor. Auch die *Exzentrizität* der Erdbahnellipse, damit aber der Unterschied zwischen den Entfernungen der Sonne in ihrer erdnächsten und erdfernsten Stellung,
ist solchen säkularen Störungen unterworfen.

Nach dem *Newton*schen Gravitationsgesetz lassen sich alle Veränderungen, die mit der Erde als Planeten vorgegangen sind, von
der Gegenwart bis in die fernste Vorzeit durch astronomische
Rechnung zurückverfolgen — diese gewaltige Arbeit ist vor nicht
langer Zeit von dem jugoslawischen Astronomen *Milankovitch*
unternommen worden. Er verfolgte die Störungen der Erdbahnexzentrizität und der Schiefe der Ekliptik 650000 Jahre zurück und
berechnete die Veränderungen, die infolge der wechselnden Einstrahlungsverhältnisse die mittlere Jahrestemperatur auf verschiedenen Breitengraden während dieses Zeitraumes erlitten haben
müßte — das Ergebnis stimmte mit den Erfahrungen der Geologen ausgezeichnet überein und ergab für mitteleuropäische Verhältnisse vier getrennte Zeiträume mit extrem ungünstiger Einstrahlung, die den vier aus der Geologie bekannten Eiszeiten entsprechen. Neben dieser Erklärungsmöglichkeit großer Klimaschwankungen müssen wir noch eine andere berücksichtigen, von
der wir im nächsten Kapitel mehr erfahren werden: die Veränderrungen der Lage der Erdpole im Erdkörper selbst. Diese müssen
unbedingt stattgefunden haben, denn sonst wäre es unmöglich,
daß in arktischen Gebieten (Spitzbergen!) *Kohle* gefunden wird,
die bekanntlich aus Überresten einer vorweltlichen tropischen
Vegetation entstanden ist.

Die *Messungen* der Solarkonstante werden erst seit wenigen
Jahrzehnten systematisch betrieben, und so sind unsere Erfahrungen über Schwankungen der Energieausstrahlung der Sonne
nicht eben übermäßig reichhaltig. Die Werte, die man für diese
wichtige Konstante erhalten hat, stimmen allerdings nicht alle
überein, die Unterschiede sind zum Teil auf Beobachtungsfehler
zurückzuführen, die sich bei so schwierigen und feinen Messungen
nicht ganz vermeiden lassen. Darüberhinaus beobachtet man
auch zweifellos echte Schwankungen der Solarkonstante, die aber
höchstens 1% betragen und völlig unregelmäßig zu verlaufen
scheinen. Noch vor zwanzig Jahren hielt man Änderungen der
Sonneneinstrahlung von 10% für möglich und glaubte auch an

einen Zusammenhang dieser Schwankungen mit der Periodizität der *Sonnenflecke*, von der weiter unten die Rede sein wird. Neuere Untersuchungen haben aber diese Vermutung nicht bestätigt.

Die Sonnenflecke. Die Sonnenflecke wurden 1610 von *Galilei* entdeckt, als er sein Fernrohr auf die Sonne richtete. Bald darauf wurden sie von *Fabricius*, dem Sohn eines ostfriesischen Pfarrers, ferner von dem Jesuitenpater *Christoph Scheiner* gesehen. Daß sie fast gleichzeitig von so vielen Beobachtern unabhängig gefunden wurden, darf uns nicht wundern, denn sie waren für das eben erfundene Fernrohr eines der auffälligsten Beobachtungsobjekte. *Scheiner* glaubte anfangs, es handele sich um neue bis dahin unbekannte Planeten, die die Sonne in großer Nähe umkreisen; seine Ansicht wurde aber von *Galilei* bestritten, der die Flecke als Gebilde der Sonnenoberfläche nachwies und wohl auch bald ihre Veränderlichkeit und Vergänglichkeit bemerkte. Von späteren Beobachtern wurden sie als trichterartige Vertiefungen der Sonnenoberfläche erkannt. Heute wissen wir, ohne daß wir behaupten dürften, über den Aufbau dieser Gebilde vollständig Bescheid zu wissen, daß die Flecke gewaltige Wirbelerscheinungen sind, die nicht nur mechanischen Charakter haben, sondern auch von elektromagnetischen Wirkungen größten Ausmaßes begleitet werden.

Die Veränderlichkeit der Fleckenzahl in den einzelnen Jahren muß schon den ersten Beobachtern aufgefallen sein, die periodische Wiederkehr besonders fleckenreicher Jahre in einem ungefähr 11jährigem Zyklus, die mit Jahren fast völliger Fleckenlosigkeit abwechseln, wurde zuerst von *Schwabe* in einer 1843 erschienenen Veröffentlichung bekanntgegeben. Seitdem ist die Sonne regelmäßiger beobachtet worden, und wir verfügen heute über ein lückenloses Material, das uns den periodischen Charakter dieser Erscheinung sehr deutlich macht. Die Periode, in der die Zeiten größter Fleckenhäufigkeit wiederkehren, ist allerdings nicht unveränderlich — sie hat im Laufe der letzten 200 Jahre (so weit reichen einigermaßen sichere Beobachtungen zurück) mindestens zweimal ihre Länge merklich geändert. Während sie zur Zeit ziemlich genau 11,4 Jahre beträgt, waren zeitweise Perioden von $9^{1}/_{2}$ und $12^{1}/_{2}$ Jahren vorherrschend.

Ein Einfluß der Sonnenfleckenzahl auf die Energieausstrahlung der Sonne wäre nicht verwunderlich, denn man muß die Flecke, die oft einen Flächenraum überdecken, der die Erdoberfläche um ein Vielfaches übertrifft, als Gebiete tieferer Temperatur und daher geringeren Ausstrahlungsvermögens ansehen. Es wäre demnach zu erwarten, daß in den Jahren großer Fleckenhäufigkeit die Sonnenstrahlung besonders gering ist. Die genauen Untersuchungsreihen der letzten Jahrzehnte haben aber, wie schon erwähnt, keinen unmittelbaren Zusammenhang dieser Art ergeben.

Dieses Ergebnis überrascht zunächst, findet aber seine Erklärung darin, daß gleichzeitig mit den Flecken auch Gebilde von übernormaler Helligkeit und höherer Temperatur, die sogenannten *Fackeln*, in größerer Zahl auftreten und den Strahlungsverlust wieder ausgleichen. Alles in allem scheinen Flecke und Fackeln Anzeichen einer erhöhten Bewegung in der Sonnenatmosphäre zu sein, sichtbare Merkmale stürmischer, von großen Energieumsetzungen begleiteter Vorgänge, die ihren Ursprung wahrscheinlich tief im Innern des Sonnenballs haben und nun von Zeit zu Zeit, in gewissen rhythmischen Intervallen, zum Ausbruch kommen.

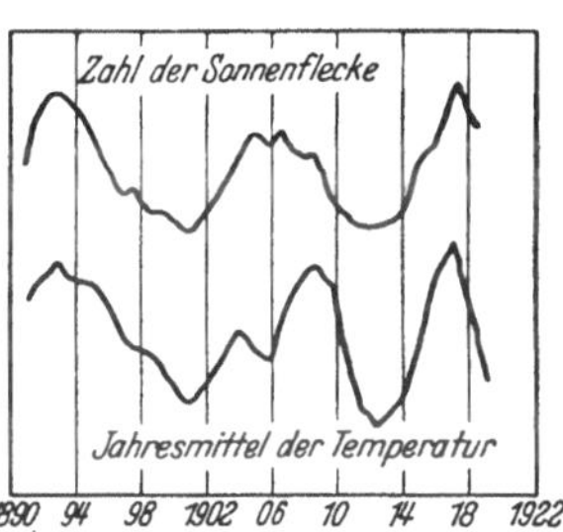

Abb. 42. Zusammenhang zwischen Sonnenfleckenzahl und der Temperatur in Samoa (nach Beobachtungen von *Angenheister*). Die Temperaturkurve ist umgekehrt, d. h. den nach oben gerichteten Spitzen entspricht eine tiefere, den nach unten gerichteten eine höhere Temperatur. Doch beträgt die Gesamtschwankung nur etwas über 1^0 C. In Samoa ist demnach die Temperatur zur Zeit des Sonnenfleckenmaximums am niedrigsten. An anderen Orten ist es umgekehrt.

Diese Schwankungen der Sonnentätigkeit in 11jährigem Rhythmus müßten, so geringfügig sie auch zahlenmäßig sind, doch ihre Wirkung auf Erden zeigen. In der Tat ist nachgewiesen, daß die fleckenreichen Jahre durchschnittlich etwas wärmer sind, doch beträgt die Größe der Schwankung kaum mehr als $1/2^0$. Es verhält sich mit dem Einfluß der Sonnenflecken auf die Temperatur also ähnlich wie mit dem Gezeiteneinfluß des Mondes auf den Luftdruck: er geht in den größeren unregelmäßigen Veränderungen unter und ist höchstens in Gegenden mit besonders gleichmäßigem Klima unmittelbar zu erkennen, z. B. auf Samoa, wie Abb. 42 an dem übereinstimmenden Verlauf der Sonnenfleckenkurve und der jährlichen Temperaturmittelkurve zeigt.

Manche Meteorologen wollen auch in einigen Gegenden Zusammenhänge zwischen Sonnenfleckenhäufigkeit und *Niederschlägen* festgestellt haben. Auch dieser Zusammenhang ist aber, wo überhaupt vorhanden, sehr lose — es ist also nicht ohne weiteres möglich, aus ihm etwa die Aufeinanderfolge von trockenen und feuchten Zeiträumen vorauszusagen, wie es voreilige Propheten gerne tun. Das einzige, was in dieser Hinsicht wirklich gesichert erscheint, ist die Zunahme der Lufttrübung durch Wasserdampf in fleckenreichen Jahren, die daraus zu erklären ist, daß die Sonnenflecke elektrisch geladene Teilchen in großen Mengen ausschleudern, die dann auch in die Erdatmosphäre gelangen. Solche Teilchen vermögen die Luftmoleküle elektrisch aufzuladen und damit zur Bildung von Kondensationskernen des Wasserdampfes geeignet zu machen. D. h. mit anderen Worten: Solche mit freier elektrischer Ladung versehenen Luftteilchen vermögen den in der Luft vorhandenen Wasserdampf an sich zu ziehen, zu verflüssigen und in Tropfenform an sich zu fesseln. In vielen Fällen wird dies allerdings nicht einmal zu Wolkenbildung, geschweige denn zu Regenfällen führen, sondern lediglich die Durchsichtigkeit der Atmosphäre trüben.

Man sieht hieraus, daß der Einfluß der Sonnenfleckentätigkeit auf das irdische Wetter zwar vorhanden, aber doch ziemlich klein ist. Trotzdem gibt es sichere Anzeichen dafür, daß dieser an sich geringfügige Einfluß doch hier und da sichtbare Spuren im Ablauf irdischen Lebens hinterläßt. So läßt sich die 11jährige Sonnenfleckenperiode in der Dicke der Wachstumsringe mancher Bäume nachweisen, vor allem bei den in Nordamerika wachsenden Mammutbäumen, einer Koniferenart (Sequoia), die ein sehr hohes Alter erreicht.

Im nächsten Kapitel werden wir erfahren, daß es noch andere Wirkungen der Sonnentätigkeit auf irdische Vorgänge gibt, die sehr viel deutlicher in Erscheinung treten.

VIII. Erdpole und Erdmagnetismus

Eigentümlichkeiten der Erdpole. Zwei ausgezeichnete Punkte gibt es auf der Oberfläche der Erde, die sich in mehr als einer Hinsicht merkwürdig verhalten und deshalb die Aufmerksamkeit der Menschheit von jeher auf sich gezogen haben, um so mehr, als sie in Gegenden liegen, die wegen ihrer ungünstigen klimatischen Beschaffenheit schwer zugänglich sind: die beiden *Pole*, die Endpunkte der Rotationsachse der Erde. Nord- und Südpol liegen inmitten von weiten Regionen ewigen Eises, und erst im Anfang unseres Jahrhunderts ist es nach vielen opferreichen Versuchen und Fehlschlägen der Zähigkeit und dem Mute kühner Forscher gelungen, bis zu ihnen vorzudringen. So wissen wir heute, daß der Nordpol inmitten eines von Treibscholleneis gewaltigen Ausmaßes erfüllten Polarmeeres liegt, der Südpol dagegen auf einem vereisten und vergletscherten Hochplateau, das — von mächtigen Gebirgszügen durchbrochen — den Meeresspiegel um mehr als 3000 m überragt. Der *Nordpol*, den *Nansen* auf seiner berühmten Expedition im Jahre 1895 nicht erreichte, wurde 1909 von dem Amerikaner *Peary* zuerst betreten. Im Dezember 1911 drang *Amundsen* bis zum *Südpol* vor — wenige Wochen später auch *Scott*, der auf der Rückkehr im Schneesturm einen tragischen Tod fand.

Die Pole sind Unstetigkeitspunkte in mehrfacher Beziehung. Im vierten Kapitel erfuhren wir bereits, daß sie keine geographische Länge haben, weil in ihnen alle Längenkreise der Erde zusammenlaufen. Sie haben deswegen auch keine Himmelsrichtungen im üblichen Sinne — am Nordpol ist jede Richtung südlich, vom Südpol aus kann man nur nach Norden marschieren, welchen Kurs man auch einschlägt. Wenn man den Nordpol von irgendwoher ereichen will, muß man in nördlicher Richtung gehen — wenn man ihn aber, ohne die Marschrichtung zu wechseln, überschreitet, springt die Himmelsrichtung des Weges plötzlich auf Süden über. Die Pole haben auch keine *Ortszeit.* Da der Himmelspol sich an ihnen genau im Zenit befindet, beschreiben die Sterne genau horizontal gelegene Kreise im Verlauf ihrer täglichen Bewegung. Ihre Höhe über dem Horizont bleibt daher für den Beobachter am Nord- oder Südpol ständig die gleiche, sie gehen weder auf noch unter, sie erreichen weder einen Höchst- noch einen Tiefststand, dessen Beobachtung eine Zeitbestimmung ermöglichen würde.

Auch die Sonne beschreibt ihre tägliche Bahn in Kreisen, die zum Horizont parallel verlaufen (Abb. 43), ein Wechsel zwischen Tag und Nacht findet nicht mehr statt — nur ihre jährliche Bewegung durch den Tierkreis bewirkt, daß die Sonne im Laufe eines Jahres einmal auf- und einmal untergeht: der Himmelsäquator nämlich fällt an den Polen mit dem Horizont zusammen — jedesmal, wenn die Sonne auf ihrer jährlichen Bahn den Himmelsäquator überschreitet, also zur Zeit der Frühlings- und Herbst-Tagundnachtgleiche, überschreitet sie auch den Horizont in der einen oder anderen Richtung. An den Polen haben Tag und Nacht daher die Dauer eines halben Jahres. Wenn bei uns in Europa Sommer ist, liegt das Gebiet um den Nordpol in ständigem Sonnenschein, der Südpolarkontinent dagegen in dunkler Nacht.

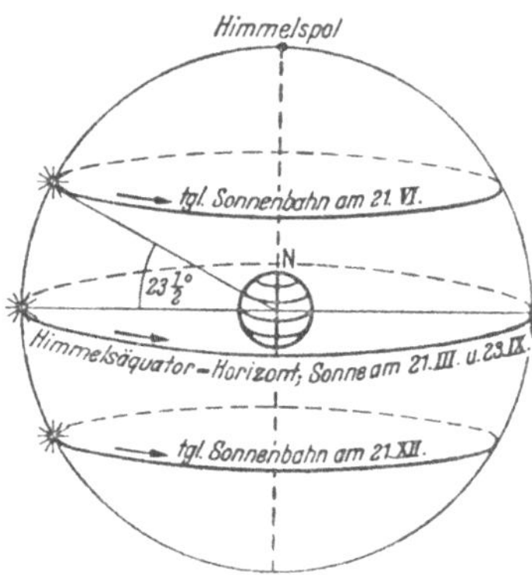

Abb. 43. Himmel und Sonnenbewegung am Nordpol der Erde. Der Himmelspol fällt mit dem Zenit, der Himmelsäquator mit dem Horizont zusammen. Die Sonne wandert wegen der Erddrehung scheinbar auf Kreisen parallel zum Horizont um den Himmel. Da sie sich auf ihrer jährlichen Bahn durch den Tierkreis bis zu $23\frac{1}{2}^{0}$ nördlich (Sommer) und südlich (Winter) vom Äquator entfernt, bleibt sie im Sommerhalbjahr stets über, im Winterhalbjahr stets unter dem Horizont. Zur Zeit der Tag- und Nachtgleichen umwandert sie den Horizont.

Die größte Höhe, zu der im Polarsommer die Sonne über dem Horizont emporsteigt, beträgt $23\frac{1}{2}^{0}$; sie entspricht genau der Schiefe der Ekliptik. In dieser verhältnismäßig geringen Höhe reicht die Kraft der Sonnenstrahlung nicht aus, um die gewaltigen in der kalten Polarnacht entstandenen Eismassen zu schmelzen — so steigt auch die Lufttemperatur im Polarsommer nur selten über den Gefrierpunkt an, während in der langen Winternacht das Thermometer oft bis 60^{0} unter den Nullpunkt sinkt.

Polwanderung und Polhöhenschwankung. Wir haben schon im vorigen Kapitel die Frage aufgeworfen, ob die Polargebiete mit ihrem unwirtlichen Klima von jeher die Lage auf der Oberfläche unseres Planeten eingenommen haben, die sie heute innehalten. Das Vorhandensein mächtiger Kohlenflöze auf Spitzbergen in mehr als 80⁰ nördlicher Breite deutet darauf hin, daß diese Gegend vor vielen Millionen von Jahren, in der Steinkohlenzeit, von tropischen Urwäldern bestanden war, daß also damals die Erdpole und damit die Erdachse selbst eine ganz andere Lage im Erdkörper eingenommen haben müssen, als dies jetzt der Fall ist. Die Frage, ob wir eine solche *Wanderung der Erdpole* in geologischen Zeiträumen mit unseren sonstigen Anschauungen über den Mechanismus der Erdrotation in Einklang bringen können, interessiert Geologen, Geophysiker und Astronomen in gleichem Maße. Die Geologen stellen zunächst durch ihre Funde die Tatsache selbst fest, an der wohl nicht gezweifelt werden darf — die Astronomen aber fanden in ihren genauen Beobachtungen keinerlei Hinweise auf ein so extravagantes Verhalten der Erdachse. Sie haben zwar schon seit vielen Jahrzehnten erkannt, daß die Lage der Erdachse im Erdkörper und damit die der Pole auf der Erdoberfläche nicht ganz fest ist. Solche Schwankungen der Rotationsachse eines sich drehenden Körpers sind nach den Berechnungen der theoretischen Physik denkbar, und schon der große Mathematiker *Euler* (1707 —1783) hat darauf hingewiesen, daß die Erdachse Schwankungen ausführen kann, daß also die Pole nicht feststehen, sondern kreisförmige Bahnen auf der Erdoberfläche beschreiben können. Die Kreise sollten aber nur geringen Durchmesser haben, und die Umlaufzeit sollte 305 Tage betragen.

Wenn solche oder ähnliche Polschwankungen wirklich auftreten, müssen sie sich den Astronomen dadurch verraten, daß die mit genauen Instrumenten gemessenen geographischen Breiten (Polhöhen) der Sternwarten nicht immer den gleichen Wert haben, sondern im Laufe der Zeit hin- und herschwanken. Als am Ende des vorigen Jahrhunderts lange und genügend genaue Beobachtungsreihen über die Polhöhe verschiedener Sternwarten vorlagen, gelang es dem deutschen Astronomen *Küstner*, derartige Schwankungen von allerdings sehr kleinem Betrage sicher nachzuweisen, und bald darauf fand der Amerikaner *Chandler* die nach

ihm benannte *Chandler*sche Periode der Polschwankungen, die
aber nicht, wie *Euler* vermutet hatte, 305, sondern 435 Tage beträgt. Trotzdem handelt es sich hier um die von *Euler* voraus-
gesagte Erscheinung — daß die Periode länger ist, beruht, wie wir
heute wissen, darauf, daß *Euler* die Erde als vollkommen starren
Körper ansah, während sie in Wirklichkeit elastisch ist.

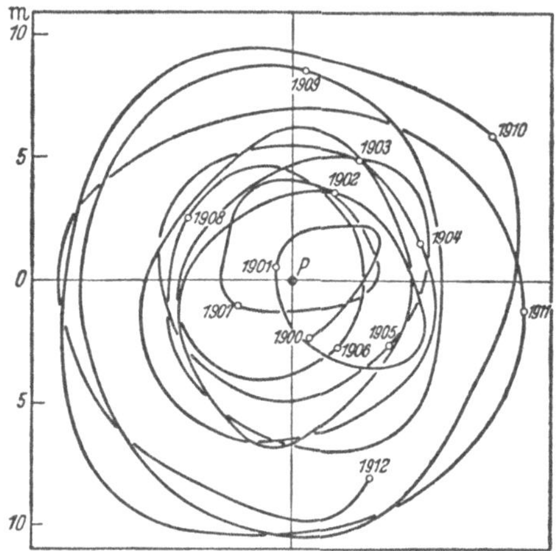

Abb. 44. Bahn des Nordpols um die mittlere Pollage (*P*) während der Jahre
1900—1912 (nach den Angaben von *Wanach*). Die Kreise mit den Jahreszahlen
bedeuten die Lage des Pols am Jahresanfang. Der ganze Vorgang spielt sich
innerhalb eines Kreises von 20 m Durchmesser ab.

Eigentlich ist nun diese ganze Polschwankung eine Erscheinung,
die des Aufhebens, das von ihr gemacht wird, gar nicht wert ist.
Die Veränderungen der Polhöhe, die von den Astronomen beobachtet wurden, ergaben insgesamt wenig mehr als eine halbe
Bogensekunde. Eine Bogensekunde entspricht auf der Erdoberfläche (s. S. 59) einer Länge von etwa 30 m — die Wanderungen,
die der Erdpol im Laufe der Zeit ausführt, erfolgen demnach
innerhalb eines Kreises von höchstens 20 m Durchmesser. Er-
staunlich ist hierbei eigentlich nur die Genauigkeit astronomischer Beobachtungskunst (s. auch Abb. 44).

Für das oben angeschnittene Problem der *Polwanderung* über
weite Gebiete der Erdoberfläche geben die astronomisch gemessenen Polschwankungen keinen Anhaltspunkt und keine Erklärung.

Sie deuten aber wenigstens darauf hin, daß die aus der Theorie der Kreiselbewegung folgende kreisförmige Polbewegung nicht allein für die Verlagerung der Erdachse maßgebend sein kann — die Abb. 44 zeigt, daß der Pol keineswegs auf einem Kreise wandert, sondern daß diese Bewegung durch andere Ursachen gestört wird. So stellte schon *Chandler* fest, daß die Polhöhenschwankungen nicht nur nach der 435tägigen Periode vor sich gehen, sondern daß daneben auch eine Schwankung von einjähriger Periode besteht, die sich der erstgenannten Kreisbewegung überlagert. Man erklärt diese Jahresperiode mit den im Laufe des Jahreszeitenwechsels auf der Erdoberfläche vor sich gehenden Massenverlagerungen, die teils atmosphärischen Vorgängen (den Luftmassentransporten[1]) zuzuschreiben sind, teils auch den alljährlichen Schmelzprozessen, durch die die Verteilung der arktischen Eismassen sich ändert. Jede derartige Verlagerung von Massen, so geringfügig sie auch im Vergleich zur Gesamtmasse der Erde sein mag, kann die Rotationsverhältnisse des Erdkörpers ändern und damit auch zu einer Verlagerung der Drehungsachse beitragen.

Es fragt sich nun, ob in geologischen Zeiträumen, d. h. in vielen Jahrmillionen, nicht auch Massenverschiebungen von weit größerem Ausmaß stattgefunden haben, die eine umwälzende Veränderung der Pollage zur Folge gehabt haben können. Der bekannte deutsche Geophysiker *Alfred Wegener*, der 1930 auf einer Grönlandexpedition den Tod fand, hat eine Theorie aufgestellt, nach der die *Kontinente* der Erde nicht starr miteinander verbunden sind, sondern als gewaltige Schollen auf zähflüssigem Untergrunde wie Inseln schwimmen und ihre Lage zueinander ständig verändern. Er war z. B. der Ansicht, daß in früheren Erdepochen Südamerika und Afrika miteinander zusammenhingen — der ähnliche Verlauf ihrer atlantischen Küsten macht das plausibel. In der Tat scheint sich auch heute noch der Abstand zwischen beiden Erdteilen dauernd zu vergrößern, wenn auch in Jahrhunderten nur um wenige Meter — die Astronomen haben nämlich gemessen, daß der Unterschied der geographischen Länge zwischen europäischen und südamerikanischen Sternwarten langsam im Zunehmen begriffen ist.

---

[1] Vgl. *H. v. Ficker*: Wetter und Wetterentwicklung. Verständliche Wissenschaft Bd. 15.

In früheren Zeiträumen der Erdgeschichte mag eine solche Kontinentalwanderung noch rascher vor sich gegangen sein, und mag die mit ihr verbundene Massenverlagerung zur allmählichen Umgestaltung der Rotationsverhältnisse in jenem Ausmaß geführt haben, das die geologischen Befunde verraten. Die Zeit der großen Polwanderungen, die das Antlitz der Erde grundlegend umgestalten, ist vielleicht schon seit Jahrhunderttausenden zum Abschluß gekommen — was wir heute noch beobachten, ist nur das lezte zitternde Schwanken der Erdachse um die Gleichgewichtslage, die sie in einer ruhigen Entwicklungsperiode gefunden hat und kaum wieder verlassen wird, wenn nicht gewaltige Naturkatastrophen, die Erdteile versinken und entstehen lassen, sie erneut aus diesem Gleichgewicht aufstören.

Der Erdmagnetismus. Eine letzte Erinnerung an die Zeit, als die Erdachse noch eine andere Lage im Erdkörper hatte, mag die merkwürdige Tatsache bedeuten, daß die *magnetischen* Erdpole von den geographischen ganz erheblich abweichen. Im dritten Kapitel haben wir bereits von der Eigenschaft der Magnetnadel gesprochen, *ungefähr* die Nord-Süd-Richtung anzuzeigen, jene Eigenschaft, die uns den *Kompaß* zu einem auf Land- und Seereisen so nützlichen und unentbehrlichen Orientierungsmittel macht. *Die Erde ist ein Magnet.* Als magnetischer bzw. magnetisierbarer Stoff ist uns besonders das *Eisen* bekannt, das wahrscheinlich als schweres Metall einen erheblichen Anteil am Aufbau des innersten *Erdkerns* hat. Im Erdkern hätten wir demnach den Sitz der magnetischen Kräfte zu suchen, die sich uns an der Erdoberfläche durch die Erzeugung eines *magnetischen Feldes* von bestimmter Stärke und Ausrichtung zu erkennen geben[1].

Das Feld eines starken Magneten hat die Eigenschaft, in weiter Umgebung jeden freibeweglichen magnetischen Versuchskörper, etwa eine Kompaßnadel, in die Richtung seiner „Kraftlinien" zu zwingen, die in eigenartiger Weise um ihn herum angeordnet sind. In Abb. 45 ist ein Meridiandurchschnitt der Erde gezeigt: In ihrem Mittelpunkt ist sinnbildlich ein magnetisierter Erdkern eingezeichnet, dessen Kraftlinien, aus seinen Polen herausquellend und sich zu geschlossenen Kurven vereinigend, uns die ungefähre

---

[1] Neuerdings wird (siehe Kap. IX) die Annahme eines eisenhaltigen Erdkerns bestritten.

Form des erdmagnetischen Feldes verdeutlichen. Die Abbildung läßt erkennen, daß am Äquator die frei nach allen Richtungen (also auch in vertikaler!) drehbar aufgehängte Kompaßnadel sich horizontal und nord-südlich einstellt, während sie in den Polargegenden, dort, wo die Verlängerung der magnetischen Achse die Erdoberfläche durchstößt, vertikal nach unten zeigt. An diesen

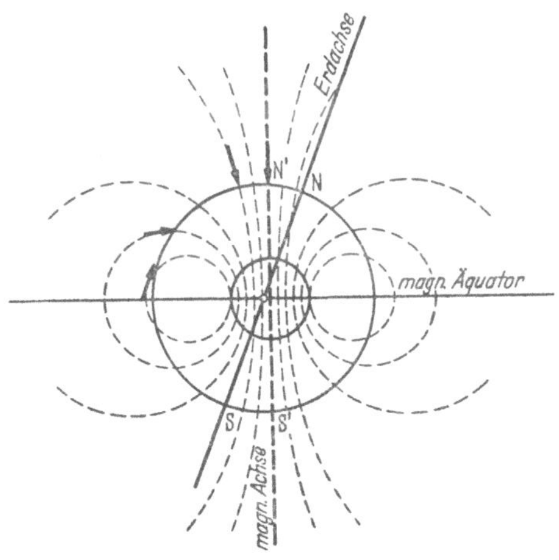

Abb. 45. Kraftlinien des erdmagnetischen Feldes. Die magnetische Achse ist gegen die Rotationsachse der Erde geneigt. Die magnetischen Pole (N', S') fallen daher mit den geographischen Polen (N, S) nicht zusammen. Ebenso liegt der (durch den inneren Kreis angedeutete) magnetische Erdkern etwas exzentrisch zur Erdfigur. Die Pfeile deuten die Richtung der magnetischen Kraft in verschiedenen Breiten an.

Punkten, die als die *magnetischen Pole* der Erde bezeichnet werden, wird eine nur in horizontaler Richtung freibewegliche Magnetnadel, wie sie ein gewöhnlicher Kompaß enthält, keinerlei Richtung bevorzugen — an diesen Punkten ist demnach der Kompaß unbrauchbar.

Die Lage der magnetischen Achse fällt mit der Erdachse nicht zusammen, sie geht nicht einmal genau durch den Erdmittelpunkt, wie in der Abbildung schematisch angedeutet ist. Die magnetischen Pole liegen deshalb ziemlich weit von den Erdpolen entfernt, wenn auch noch im Bereich der arktischen Zonen. Der magnetische Nordpol liegt auf der Halbinsel Boothia Felix an der

Eismeerküste Nordamerikas, der magnetische Südpol im Victoria-Land auf dem antarktischen Kontinent, beide unter 72—73° Breite.

Schwankungen des erdmagnetischen Feldes. Der Verlauf der magnetischen Kraftlinien, die magnetische Feldstärke und die Lage der magnetischen Pole sind keineswegs unveränderlich, sondern erheblichen Schwankungen unterworfen. Für die Orientierung nach dem Kompaß ist es besonders wichtig, die Veränderungen

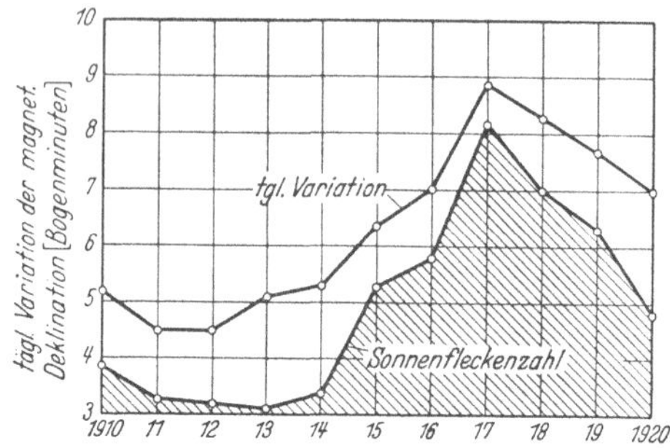

Abb. 46. Zusammenhang zwischen der Größe der täglichen Schwankung der Richtung der Magnetnadel (Mittelwerte von Potsdam) und der Anzahl der Sonnenflecken, nach den Beobachtungen von 1910—1920.

der magnetischen *Deklination* zu kennen, jenes Winkels, der in jedem Punkte der Erdoberfläche die Abweichung der Magnetnadelrichtung von der Nord-Süd-Linie anzeigt. Wie alle anderen Größen, durch die Richtung und Stärke der magnetischen Kraft bestimmt sind, zeigt auch die Deklination sowohl langsam fortschreitende Veränderungen (die sogenannte Säkularvariation) als auch kurzperiodische Schwankungen, unter denen besonders wichtig die tägliche und die jährliche Variation sind. Diese Schwankungen zeigen deutlich die Abhängigkeit des erdmagnetischen Feldes von der Achsendrehung der Erde und ihrem jährlichen Lauf um die Sonne. Sie werden der Hauptsache nach durch elektrische Ströme hervorgerufen, die in der Atmosphäre und wohl zum Teil auch außerhalb der Atmosphäre (als ein die Erde umkreisender Elektronenschwarm) und innerhalb des Erdkörpers fließen. Diese Ströme werden durch den tageszeitlichen und jahreszeitlichen Wechsel der Sonneneinstrahlung stark beeinflußt.

Überhaupt ist das gesamte magnetische Erdfeld gegen Einflüsse jeder Art, die aus dem Weltenraum und besonders natürlich von der Sonne her zu uns zu dringen, sehr empfindlich. So spiegelt sich auch der 11jährige Zyklus der Sonnentätigkeit in den Variationen der erdmagnetischen Elemente wider, und zwar mit einer Deutlichkeit, die nichts zu wünschen übrig läßt. Abb. 46 zeigt die zeitliche Veränderung des Betrages der täglichen Variation der magnetischen Deklination zu Potsdam und darunter den gleich-

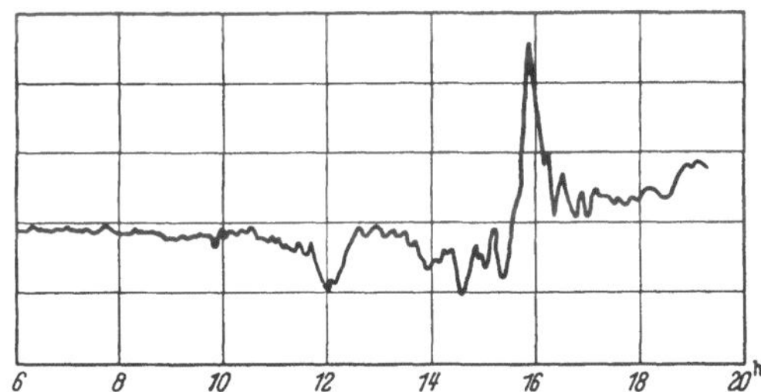

Abb. 47. Magnetischer Sturm vom 29. Oktober 1931. Registrierung der magnetischen Horizontalintensität (ost-westliche Komponente) in Seddin bei Potsdam.

zeitigen Gang der Sonnenfleckenhäufigkeit — die Ähnlichkeit beider Kurven auch in kleinen Einzelheiten läßt den inneren Zusammenhang beider Erscheinungen unzweifelhaft hervortreten.

Das Magnetfeld der Erde ist somit ein äußerst sensibles Instrument, das jede Veränderung des uns von der Sonne zugesandten Energiestroms gewissenhaft aufzeichnet. Nach den Untersuchungen moderner Geophysiker, insbesondere des Norwegers *Störmer*, reagiert das Erdfeld auf die von der Sonne zu uns gelangenden elektrischen Teilchen (Elektronen). Diese namentlich aus den gewaltigen magnetischen Feldern der Sonnenflecke mit ungeheuerer Geschwindigkeit ausgestoßenen Elektronenströme werden vom Magnetfeld der Erde eingefangen und beeinflussen es in der gleichen Weise, wie wir es aus der Physikstunde von den Experimenten her kennen, durch die die Einwirkungen elektrischer Ströme auf eine Magnetnadel gezeigt werden.

Die Reaktion des erdmagnetischen Feldes auf diese von der Sonne ausgesandten Energieströme ist so fein, daß schon das

Vorbeiziehen eines Sonnenflecks durch die Mitte der Sonnenscheibe von den erdmagnetischen Meßinstrumenten der Observatorien aufgezeichnet wird. Größere Sonnenfleckengruppen, wie sie hauptsächlich in der Zeit des Maximums der Sonnentätigkeit häufig auftreten, vermögen geradezu „magnetische Stürme" hervorzurufen. Abb. 47 zeigt eine in Seddin bei Potsdam erhaltene Registrierkurve, die die Wirkung eines solchen magnetischen Sturms deutlicher als alle Worte beschreibt.

So wie ein elektrischer Strom magnetische Wirkungen hervorbringt, werden auch die Bahnen der von der Sonne her einströmenden Elektronen durch das Magnetfeld der Erde beeinflußt. *Störmer* hat gezeigt, daß die Elektronen, sobald sie in den Bereich des weit in den Raum hinaus sich erstreckenden erdmagnetischen Feldes gelangen, um die „Kraftlinien" dieses Feldes spiralförmig gewundene Bahnen beschreiben. Gerade diejenigen Kraftlinien aber, die weit in den Weltenraum hinausreichen, münden, wie aus Abb. 45 und 48 ersichtlich ist, in den Polargegenden der Erde in die Atmosphäre unseres Planeten ein. Dort werden also die vielfältigen Wirkungen dieser Korpuskelstrahlung am stärksten in Erscheinung treten — um sie zu erkennen, sind nicht immer Meßinstrumente nötig: Die reizvolle Lichterscheinung der *Polarlichter* (Nordlicht, Südlicht), die in großen Höhen an der Grenze der Atmosphäre aufleuchten, machen sie auch unmittelbar dem menschlichen Auge sichtbar. In unseren Breiten werden Nordlichter nur selten beobachtet — während des Sonnenfleckenmaximums 1938, das besonders in der ersten Hälfte dieses Jahres starke magnetische Stürme mit sich brachte, sind auch in Deutschland mehrfach Nordlichter gesehen worden. In den Polargebieten selbst gehören sie zu den alltäglichen Erscheinungen und erfüllen die lange Winternacht mit ihrem Zauber.

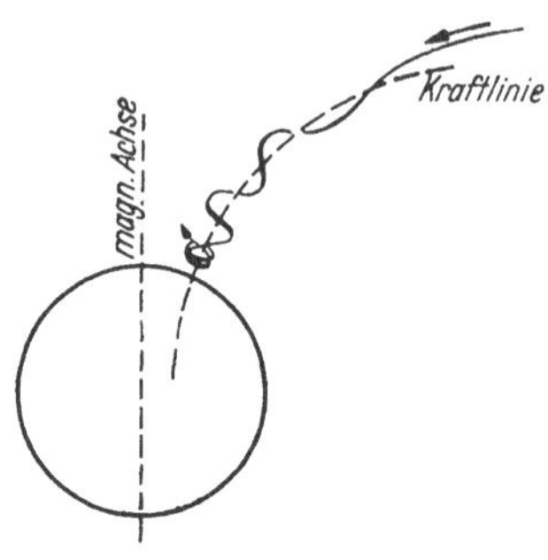

Abb. 48. Die von der Sonne ausgeschleuderten Elektronen beschreiben spiralförmige Bahnen um die Kraftlinien des erdmagnetischen Feldes und erzeugen in den höheren Schichten der Atmosphäre die Polarlichter.

IX. Der Körperbau des Planeten Erde

Ältere Ansichten. Die Alten dachten sich die Welt aus vier Elementen aufgebaut: die feste *Erde* als das Fundament des Weltgebäudes; das *Wasser* der Meere und Ströme; die leichte *Luft*, die Meer und Erde überflutet, und schließlich das geheimnisvolle *Feuer*, dessen Wohnsitz teils in überirdischen, teils in unterirdischen Regionen zu suchen ist. Ein Überrest dieser Einteilung findet sich heute noch in der Unterscheidung der Hauptgebiete geophysikalischer Forschung: der Physik des festen Erdkörpers (der Lithosphäre), des Wassermantels der Erde (der Hydrosphäre) und der Lufthülle (der Atmosphäre). Nur das Feuer, das wir ja heute nicht mehr als einen „Stoff" ansehen, scheidet in dieser Einteilung aus.

Der feste Erdkörper, von dessen Natur in diesem Kapitel die Rede sein soll, war bis auf die alleröbersten Schichten der Erdrinde der menschlichen Forschung völlig unzugänglich, und so ist es zu verstehen, daß sich die Ansichten der Wissenschaft über das Erdinnere bis tief in die neueste Zeit hinein auf Spekulationen stützten, deren Wert den der primitiven Anschauungen des Altertums kaum wesentlich überstieg. Übereinstimmend ist in allen Theorien, so verschiedenartig sie auch sonst waren, die Ansicht vertreten, daß das Innere der Erde heiß ist. Wir haben schon früher gesehen, daß die Zunahme der Temperatur mit der Tiefe, die wir beim Hinabsteigen in tiefe Schächte beobachten, zwangsläufig die Vorstellung von einem heißen Erdkern begünstigt hat. Zu dem gleichen Schluß führte auch die Erscheinung der Vulkanausbrüche, durch die glühend heißes Material aus den Tiefen der Erde ans Tageslicht gebracht wird. Hingegen gingen die Meinungen über den sonstigen Zustand des Erdinnern weit auseinander. Wir finden sowohl die Ansicht ausgesprochen, daß die Erde im Innern fest, als auch die, daß sie flüssig oder gasförmig sei. Andere wieder haben behauptet, der Erdkörper sei zwar fest, aber von Hohlräumen durchzogen, in denen sich glühend-flüssige Lavamassen ansammeln — dieselben Massen, die von Zeit zu Zeit durch die Krateröffnungen der Vulkane nach außen hin abfließen, wenn der Druck in der Tiefe zu stark geworden ist.

Auch über die stoffliche Beschaffenheit des Erdinnern hatte man keine Anhaltspunkte und konnte der Phantasie freien Spielraum gewähren. Erst als es der physikalischen Forschung im Zusammenwirken mit der Astronomie gelang, den Erdball gleichsam auf die Waage zu legen und seine Masse zu berechnen, hatte man wenigstens die Möglichkeit, diesen Spielraum etwas einzuengen.

Masse und Dichte der Erde. Die Bestimmung der Erdmasse wurde physikalisch erst möglich nach der Entdeckung des Gravitationsgesetzes durch *Newton*. Nach diesem Gesetz ist die Beschleunigung, die ein Körper einem anderen erteilt, der Masse des anziehenden Körpers proportional und dem Quadrat des Abstandes der beiden Körper umgekehrt proportional. Ist z. B. M die Masse des Erdkörpers, r der Abstand des Mondes von der Erde und b die Beschleunigung, die dem Monde durch die Anziehungskraft der Erde erteilt wird, so ist

$$b = \frac{f \cdot M}{r^2},$$

wo f einen vorläufig noch unbekannten Zahlenfaktor, die sogenannte *Gravitationskonstante*, bedeutet. Da nun die Beschleunigung b des Mondes aus der Mondbewegung unmittelbar abgeleitet werden kann, und da auch die Mondentfernung r bekannt ist, so ließe sich aus dieser Formel die Erdmasse M berechnen, wenn man den Wert für die universelle Konstante f zur Verfügung hätte. Dieser Wert aber läßt sich experimentell mit Hilfe einer feinen Meßvorrichtung, der *Drehwaage* (Abb. 49) bestimmen, indem man die sehr kleinen Anziehungskräfte mißt, die von einem Körper mit bekannter Masse auf einen Probekörper ausgeübt werden. Auch in diesem Falle gilt die obige Formel, in der aber nun außer f alle Größen gegeben sind, so daß man f aus ihnen berechnen kann.

Durch Versuche dieser Art hat man also die Masse der Erde bestimmen können und für sie den Wert von $5{,}977 \cdot 10^{24}$ kg (fast genau 6 Quadrillionen kg) erhalten.

Vergleicht man diesen Wert mit dem bekannten Rauminhalt des Erdkörpers, so erhält man damit das mittlere *spezifische Gewicht* (oder die mittlere Dichte) der Erde, das uns angibt, wieviel schwerer die Erde als eine Wasserkugel von gleicher Größe ist. Alle Messungen mit der Drehwaage und nach ähnlichen Verfahren haben ergeben, daß das spezifische Gewicht der Erde ungefähr 5,5 ist — ein Wert, dessen Höhe zunächst überrascht, wenn man bedenkt, daß die Gesteine, aus denen sich die uns genauer bekannten oberen Schichten der Erdrinde zusammensetzen, spezifische Gewichte zwischen 2,8 und 3,1 besitzen. Wenn also eine mittlere Dichte 5,5 herauskommen soll, muß zum Ausgleich gegen die spezifisch leichteren Oberflächenschichten der innere Teil des Erdkörpers bedeutend schwerer sein. So wurde schon bald nach Bekanntwerden dieser Zahl für die mittlere Erddichte die Vermutung ausgesprochen, daß der *Kern* der Erde aus Eisen (spezifisches Gewicht 7,8) und anderen Schwermetallen bestehe.

Die seismographische Erforschung des Erdinnern. Genauere Auskunft über den Aufbau des Erdinnern hat aber erst die wissenschaftliche Erforschung der *Erdbeben* gebracht, jener oft verderbenbringenden Naturkatastrophen, die den anscheinend so festen Grund erschüttern, auf dem wir leben und unsere Häuser bauen. Da in einem anderen Bändchen dieser Sammlung[1] das Thema „Erdbeben" erschöpfend behandelt ist, dürfen wir uns hier darauf beschränken,

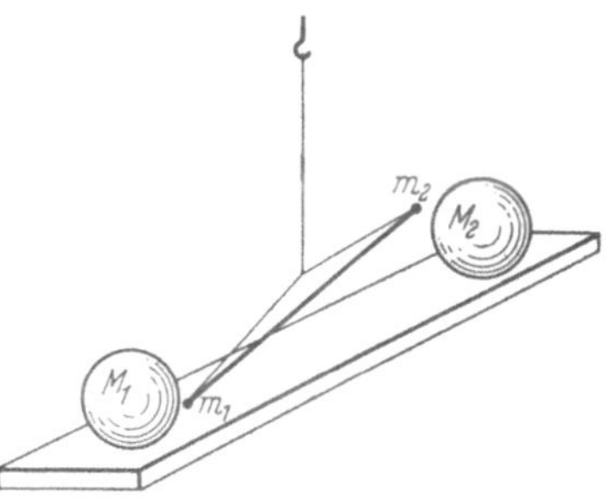

Abb. 49. Drehwaage (nach *Cavendish*) in schematischer Darstellung. Zwei große Massen M_1 und M_2 üben auf zwei kleine Probekörper m_1 und m_2, die an einem Waagebalken horizontal drehbar aufgehängt sind, ein Drehmoment aus, dessen Größe durch die Torsion (Drehwiderstand) des Aufhängefadens gemessen werden kann. Auf diese Weise läßt sich die Anziehungskraft der Massen M_1 und M_2 bestimmen.

nur das zu sagen, was zur Wahrung des Zusammenhangs nötig ist.

Wie kommt es, daß die Erdbeben uns Kunde von der Beschaffenheit des Innern der Erde geben? Die Beantwortung dieser Frage ist im Prinzip sehr einfach: Jedes Erdbeben bedeutet eine Erschütterung, die von einer bestimmten Stelle des Erdkörpers, dem *Erdbebenherd,* ausgeht und sich durch *elastische Wellen* im ganzen Erdkörper ausbreitet. Diese Wellen entsprechen ungefähr den Schallwellen in der atmosphärischen Luft, die sich bei einer Erschütterung (z. B. dem Abfeuern eines Schusses oder dem Anschlagen einer Saite) mit einer bestimmten Geschwindigkeit nach allen Seiten fortpflanzen. Die Erdbebenwellen haben nur

---

[1] Bd. 37: *K. Jung,* Kleine Erdbebenkunde.

bedeutend größere Geschwindigkeiten als die Schallwellen und auch eine viel größere Reichweite. Feine Instrumente, die *Seismographen*, sind imstande, die geringen Bodenschwankungen aufzuzeichnen, die durch diese Wellen von einem viele Tausende von Kilometern entfernten Erdbebenherd herangebracht werden.

Manche Wellen nehmen dabei ihren Weg durch das Erdinnere, andere wieder längs der Erdoberfläche. Trifft eine Tiefenwelle auf eine Schicht im Erdinnern, die dichteres und weniger dichtes Material voneinander trennt, so wird ein Teil der auftreffenden elastischen Strahlen von ihr zurückgeworfen und gelangt so mitunter auf anderen Wegen zur beobachtenden Station als jener Teil, der durchgelassen und gebrochen wird. Läuft eine Welle an einer Trennungsschicht zwischen verschieden dichten Teilen der Erde entlang, so wird sie gewöhnlich ausgelöscht. Alle diese Einzelheiten zeigen, daß die *Seismogramme* (so nennt man die Aufzeichnungen der Erdbebenschwingungen) jeden einzelnen Erdbebenstoß mehrfach aufzeichnen, besonders wenn der Herd weit entfernt liegt, weil der gleiche Vorgang von verschiedenen Wellen gemeldet wird, die verschiedene Wege zurückgelegt haben.

Durch die gemeinsame Auswertung von Seismogrammen, die von einem und demselben Erdbeben in verschiedenen Teilen der Welt aufgenommen wurden, lassen sich auf diese Weise recht eingehende Schlüsse auf die Struktur der Erde ziehen. So kann z. B. dem Bearbeiter von Erdbebenaufzeichnungen eine Änderung der Fortpflanzungsgeschwindigkeit der Erdbebenwellen mit zunehmender Tiefe nicht verborgen bleiben; aus dieser aber erfährt der Geophysiker allerlei über die physikalischen Eigenschaften der Materie (Dichte, Elastizität, Aggregatzustand usw.) in verschiedenen Tiefen unter der Erdoberfläche. Die Erdbebenwellen lassen sich mit Röntgenstrahlen vergleichen, die den undurchsichtigen Erdkörper bis in den innersten Kern durchleuchten und seine verborgene Struktur enthüllen.

In Abb. 50 ist die Änderung der Fortpflanzungsgeschwindigkeit der seismographischen Wellen mit der Tiefe als Diagramm aufgezeichnet, wie sie aus neueren Forschungsergebnissen abgeleitet wurde. Es handelt sich dabei um zwei verschiedene Arten von Wellenbewegungen. Die obere Kurve bezieht sich auf *Longitudinal-* oder *Verdichtungswellen*, bei denen (ebenso wie bei den

Schallwellen in der Luft) die Schwingung nur in der Richtung der Fortpflanzung erfolgt, die untere Kurve auf *Transversal-* oder *Scherungswellen*, die senkrecht zur Fortpflanzungsrichtung schwingen, ähnlich wie es die Lichtwellen tun. Während die Longitudinalwellen, die auch bedeutend größere Geschwindigkeiten erreichen, durch den ganzen Erdkörper hindurch verfolgt werden können, hat man Transversalwellen nur bis zu einer Tiefe von 2900 km

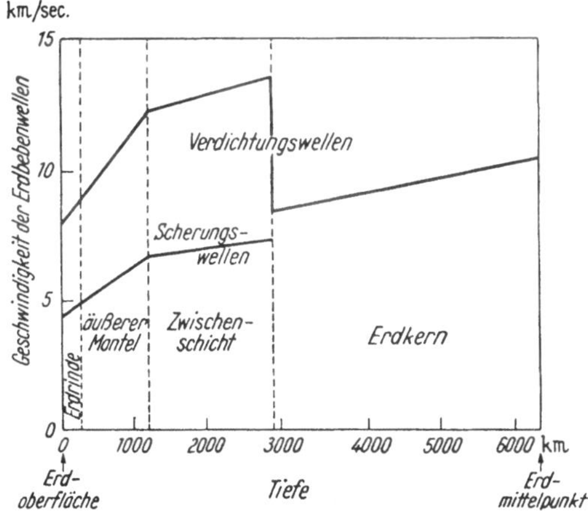

Abb. 50. Fortpflanzungsgeschwindigkeit der Erdbebenwellen im *Wiechert*-schen Erdmodell.

beobachtet. Man zieht daraus den Schluß, daß in größerer Tiefe die Materie sich in flüssigem oder gasförmigem Zustand befindet, da in Flüssigkeiten und Gasen nur Verdichtungswellen möglich sind. In geringerer Tiefe dagegen verhalten sich die Aufbaustoffe der Erde wie feste Körper, in denen beide Arten von elastischen Schwingungen auftreten können.

Im Innern der Erde zeichnet sich also mit großer Deutlichkeit eine in 2900 km Tiefe liegende Trennungsschicht ab, an der sich ein wahrscheinlich flüssiger *Erdkern* von etwa 3470 km Halbmesser von dem aus festem Material bestehenden *Mantel* absetzt. Im Mantel nimmt die Geschwindigkeit der longitudinalen Erdbebenwellen von der Oberfläche bis zu jener Trennungsschicht zunächst stark, dann langsamer zu, sie steigt von 8 bis etwa 13,5 km/sec an.

Beim Eintritt in den Erdkern sinkt die Geschwindigkeit sprunghaft auf 8,5 km/sec ab, um dann bis zum Erdmittelpunkt allmählich wieder auf mehr als 10 km/sec anzuwachsen. Bei den Scherungswellen, die viel langsamer laufen, beobachtet man eine Zunahme der Fortpflanzungsgeschwindigkeit von etwa 4,5 bis 7 km/sec.

In Abb. 50 fällt außer dem großen Sprung der Geschwindigkeit an der Kernoberfläche noch ein Knick bei einer Tiefe von 1200 km auf, der den Forschungsergebnissen von *E. Wiechert* zufolge auf das Bestehen einer weiteren Trennungsschicht hindeutet, die den festen Erdmantel in zwei Teile, den eigentlichen (äußeren) Erdmantel und eine von 1200 bis 2900 km Tiefe reichende „Zwischenschicht" zerlegt (vgl. Abb. 51). Neuere Untersuchungen scheinen allerdings diese Unstetigkeitsfläche nicht zu bestätigen, sondern setzen an Stelle dieses scharfen Knicks eine stetig gekrümmte Geschwindigkeitskurve innerhalb des Erdmantels. Dagegen wird (nach *Jeffreys*) eine andere Trennungsschicht in 5120 km Tiefe, also nur 1250 km vom Erdmittelpunkt entfernt, vermutet, die innerhalb des Erdkerns einen „inneren Kern" abgrenzt, ferner in 400—500 km Tiefe (nach neuesten Bestimmungen in 413 km Tiefe) eine weitere Sprungschicht im Mantel, deren Vorhandensein aus der Beobachtung von verhältnismäßig nahen Erdbeben (Herdentfernung 2000—2500 km) hervorzugehen scheint.

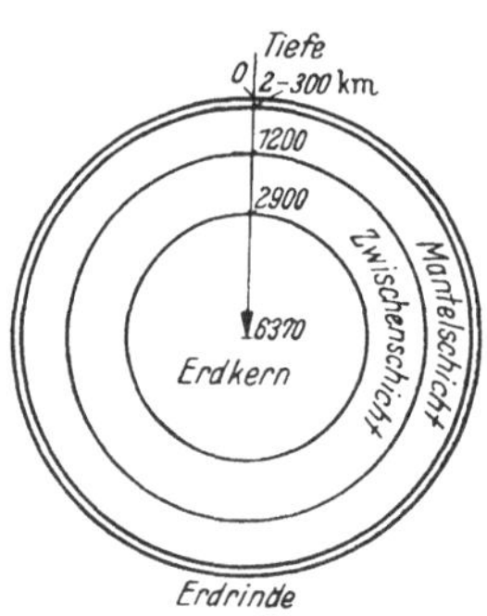

Abb. 51. Aufbau des Erdkörpers (nach *Wiechert*).

Die Deutung dieser Erscheinungen ist sehr schwierig und ohne Zuhilfenahme plausibler, aber unbeweisbarer Annahmen nicht möglich. Die Geschwindigkeit elastischer Wellen in festen Körpern und in Flüssigkeiten ist nämlich außer von der Dichte des Materials noch von dessen elastischen Eigenschaften abhängig: von der Kompressiblilität oder Zusammendrückbarkeit und bei festen Körpern noch von dem Widerstand gegen Torsion (Verdrehung). Diese Eigenschaften hängen aber nicht nur von der Art des Materials, sondern auch von dem Druck ab, der auf ihm lastet; dieser aber läßt sich wiederum nur berechnen, wenn man die Dichte der

Erdmaterie in verschiedenen Tiefen kennt. Zur Bestimmung dieser unbekannten Größen hat man nun außer der Geschwindigkeit der beiden Wellenarten in verschiedenen Tiefen glücklicherweise noch zwei weitere Daten zur Verfügung: Die *mittlere Dichte* der Erdmaterie, 5,5 g/cm³, über deren Bestimmung wir weiter oben schon einiges gesagt haben, ferner die Dichte der *Erdrinde* (rund 3 g/cm³), die ja aus den Artgewichten der Oberflächengesteine bekannt ist.

Wir erwähnten bereits, daß schon aus diesen beiden Daten hervorgeht, daß die Dichte der Erde mit der Tiefe zunehmen muß, und daß sie im Kern die mittlere Dichte wesentlich übertrifft. Wenn wir annehmen dürften, daß der Erdkörper homogen, d. h. stofflich einheitlich aufgebaut ist, dann ließe sich die Theorie rechtfertigen, daß die Dichte nach dem Innern zu ziemlich gleichförmig zunimmt und nur von der Druckzunahme mit der Tiefe abhängt. Tatsächlich wurde eine solche Theorie von *Adams* und *Williamson* (1923—1925) aufgestellt. Das Vorhandensein von mehr oder weniger deutlich ausgeprägten Trennungsschichten widerspricht aber dieser Annahme, und es ist sehr wahrscheinlich, daß an diesen Trennungsschichten auch ein Dichtesprung stattfindet, und daß die Erdrinde, die verschiedenen Schalen des Mantels und der Erdkern sich auch in chemisch-physikalischer Hinsicht merklich unterscheiden.

Abb. 52 zeigt als Diagramm die Zunahme der Dichte mit der Tiefe nach den heute als wahrscheinlich richtig angenommenen Werten, die sowohl mit den beobachteten Geschwindigkeiten der beiden Arten von Erdbebenwellen als auch mit den bekannten Werten der Oberflächendichte und der mittleren Dichte des Erdkörpers verträglich sind. Nach diesem Modell ändert sich die Dichte in drei Tiefen sprunghaft: An der unteren Grenze der Erdrinde (die man etwa in 40—50 km Tiefe annehmen darf) von 3,1 auf 3,3 g/cm³, in 413 km Tiefe von 3,7 auf 4,2 g/cm³ und an der Trennung zwischen Mantel und Kern, in 2900 km Tiefe, von 5,6 auf 9,7 g/cm³. Im Erdkern selbst steigt die Dichte weiter an, bis sie im Erdmittelpunkt selbst ihren höchsten Wert von 12,2 g/cm³ erreicht. Es darf aber nicht übersehen werden, daß die Zahlenwerte für die Lage der Sprungschichten wie für die Dichten in den Theorien verschiedener Geophysiker nicht unerheblich

voneinander abweichen, doch dürfte das hier entworfene Bild
den im Erdinnern wirklich herrschenden Verhältnissen schon
recht nahe kommen.

Temperatur und stoffliche Beschaffenheit des Erdinnern. Große Abweichungen gibt es aber immer noch in den Anschauungen über
die *Temperatur* im Erdinnern und über die stoffliche Zusammensetzung von Mantel und Kern. Was die Temperatur anbelangt, so

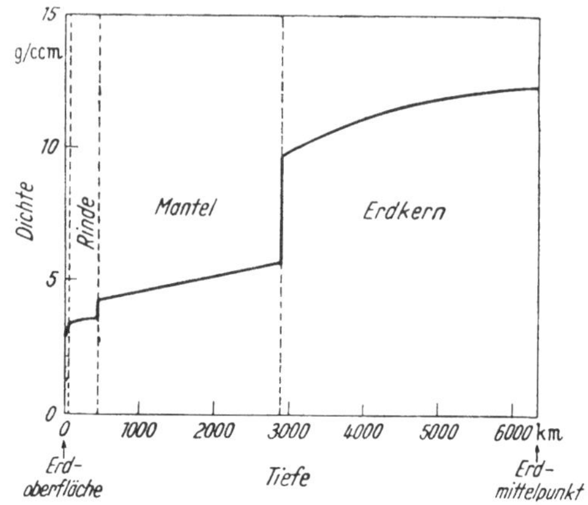

Abb. 52. Zunahme der Erddichte mit der Tiefe (nach *Bullen*, *Gutenberg* und
Richter, 1939).

wurde bereits im siebenten Kapitel erwähnt, daß in der Erdrinde
die Temperatur durchschnittlich alle 100 m um 3^0 C wächst. Diese
„geothermische Tiefenstufe" bleibt aber mit zunehmender Tiefe
nicht konstant, sondern wird allmählich kleiner, so daß in 100 km
Tiefe nicht, wie man erwarten könnte, 3000^0, sondern nur etwa
2400^0 C herrschen dürften. Bis zu welcher Höhe die Temperatur
im Erdmittelpunkt ansteigt, ist ganz unsicher. *A. Eucken*, einer
der besten Kenner dieser Dinge, nahm an, daß zur Zeit der Entstehung der Erde die Mittelpunkttemperatur etwa 10000^0 betragen habe, daß aber im Laufe der seither verflossenen 2—3 Milliarden Jahre eine beträchtliche Abkühlung stattgefunden haben
muß. „Wenn man ehrlich sein will", sagt Eucken, „kann man
nicht viel mehr sagen, als daß die Temperatur im Mittelpunkt der
Erde etwa zwischen 3000 und 10000^0 liegt".

134

Der stoffliche Aufbau der Erdrinde ist uns im Großen und Ganzen bekannt, teils aus direkten Untersuchungen in Bergwerksschächten und Bohrungen, die stellenweise bis zu einer Tiefe von 5 km reichen, teils aus geologischen Untersuchungen. Die obere Kruste unseres Planeten enthält hauptsächlich Silikate (Kieselsäureverbindungen) der Leichtmetalle, insbesondere des Aluminiums und des Magnesiums. In größeren Tiefen dürften Silikate, vielleicht auch Oxyde und Sulfide (Sauerstoff- und Schwefelverbindungen) der schwereren Metalle vorkommen. In den Theorien einiger Geophysiker spielt beim Aufbau der äußeren Mantelschicht das *Olivin* (ein Eisen-Magnesiumsilikat) eine bedeutende Rolle. Nach Ansicht des englischen Geophysikers *J. D. Bernal* läßt sich mit der Annahme, daß dieses Mineral den Hauptbestandteil der Mantelschicht bildet, der Dichtesprung in 413 km Tiefe recht gut erklären. Bei dem Druck, der in dieser Tiefe herrschen muß (rund 135 000 Atmosphären) soll nämlich das Olivin, das unter normalen Verhältnissen rhombische Kristalle bildet, in eine kubische Kristallform übergehen, deren Dichte um etwa 9 % größer ist.

Über die Zusammensetzung der tieferen Schichten des Mantels (der „Zwischenschicht") und des Erdkerns gehen die Ansichten noch sehr weit auseinander. Für die ältere Mutmaßung, daß der Erdkern aus Eisen und anderen Schwermetallen besteht, spricht hauptsächlich das hohe spezifische Gewicht des Kerns. *Eucken* hat an dieser Theorie festgehalten, während andere Forscher (*Ramsay* z. B.) annehmen, daß die ganze Erde aus einer ziemlich einheitlichen Stoffmischung besteht, vorwiegend aus Olivin und ähnlichen Mineralien. Ähnlich wie *Bernal* den Dichtesprung bei 413 km lediglich durch eine Umformung der Kristallstruktur dieses Stoffes zu erklären sucht, nimmt *Ramsay* an, daß in 2900 km Tiefe, bei dem dort herrschenden ungeheuren Druck von rund 1,4 Millionen Atmosphären, diese nichtmetallischen Stoffe metallischen Charakter annehmen. Die äußeren Elektronenschalen der Atome werden durch den starken Druck gewissermaßen eingedrückt, so daß dadurch eine bedeutend engere Packung dieser kleinsten Bestandteile der Materie möglich wird. Diese Mutmaßung, durch die in der Tat der große Dichtesprung an der Oberfläche des Kerns verständlich wird, läßt sich durch Laboratoriumsversuche stützen, mit denen es gelungen ist, bei sehr hohen Drucken Nichtmetalle (z. B. Arsen) in eine metallische Modifikation mit wesentlich höherer Dichte umzuwandeln.

Die Erdbebenwissenschaft ist noch sehr jung — erst seit Ende des vorigen Jahrhunderts baut man Seismographen, die so empfindlich sind, daß aus ihren Aufzeichnungen alle diese Nachrichten aus dem Erdinnern mit Erfolg abgelesen werden konnten. Es ist zu erwarten, daß die Erfahrungen der Wissenschaft auf diesem interessanten Gebiete sich weiterhin vermehren werden. Wenn wir wie oben die Erdbebenwellen mit Röntgenstrahlen vergleichen, mit denen man den Leib der Erde durchleuchtet, so ist die Entzifferung der Schrift, in der uns die Ergebnisse dieser Durchleuchtung übermittelt werden, schwierig und mühsam — wir lernen erst allmählich, sie zu lesen und ihr alle ihre Geheimnisse zu entlocken.

Die Erforschung der Erdrinde. So müssen wir zufrieden sein, von den Verhältnissen in großen Tiefen der Erde uns wenigstens in ganz großen Zügen ein Bild machen zu können. Um so vielgestaltiger ist das Bild, das uns die *Erdrinde* bietet, die Haut der Erde, in der wir nach Herzenslust herumbohren können. Die Wissenschaft, die sich mit dem Aufbau der Erdrinde und der Entstehung ihrer Formen befaßt, ist die *Geologie.* Sie zeigt uns, daß die Haut unserer Erde aus zahlreichen Schichten besteht, die sich gegenseitig einhüllen wie die Schalen einer Zwiebel, und deren Entstehung in verschiedenen Zeitaltern der Erdgeschichte erfolgt ist. Die geologischen Schichten sind demnach den Jahresringen der Bäume zu vergleichen, aus denen man ihr Alter bestimmt: auch das Alter der Erde läßt sich mit Hilfe der Schichtung der Erdrinde zumindest roh abschätzen. Nur an wenigen Stellen verlaufen diese Schichten glatt und eben — meist sind sie wild ineinandergeschoben und übereinandergefaltet und geben uns so Kunde von der Entstehung der Gebirge und von gewaltigen Naturereignissen, wie sie unser Planet seit vielen Hunderttausenden von Jahren nicht mehr erlebt hat. An anderen Stellen ist die Haut der Erde gerissen — es haben sich „Verwerfungen" gebildet, längs denen ganze Schollen abgesunken sind oder sich unter dem Druck gewaltiger von innen her wirkender Kräfte gehoben haben.

An der genauen Kenntnis der Zusammensetzung und Gestaltung der Erdrinde hat der Mensch nicht nur ein wissenschaftliches, sondern auch ein außerordentlich praktisches Interesse: Die Erdrinde umschließt in ihren Gesteinen viele Schätze, an deren Besitz dem Menschen gelegen ist, sie enthält eine Fülle von *Rohstoffen*, derer er zu seinem Leben und Schaffen bedarf. Sie birgt mächtige *Kohlenlager*, Überreste der vermoderten Vegetation vorweltlicher Urwälder, ferner *Erze*, aus denen Metalle aller Art gewonnen werden. An anderen Stellen ragen gewaltige *Salz*lagerstätten, domartig emporgewölbt, aus der Tiefe bis dicht unter die Erdoberfläche empor — an den Hängen dieser Salzdome sammelt sich häufig das *Erdöl*, für das der Mensch ungeheure Verwendungsmöglichkeiten hat.

Zur Auffindung solcher und anderer Bodenschätze reichen oft die Mittel des Geologen nicht aus, der den Verlauf der Erdschichten aus den Aufschlüssen bestimmt, die ihm durch jene Stellen der Erdoberfläche gegeben sind, an denen das nackte Gestein zutage tritt. Andere Hinweise sind nur durch Bohrungen unmittelbar zu erhalten, die in solchen Gegenden, in denen Bodenschätze vermutet werden, oft in großer Zahl und bis zu großen Tiefen niedergebracht werden. Allein solche Bohrungen sind langwierig und kostspielig. Daher ist man bald nach den Erfolgen der Erdbebenforschung in bezug auf die Erkenntnis des Erdinnern darauf gekommen, zur Erforschung der Oberflächenstruktur der Erde ebenfalls dieses Hilfsmittel zu benutzen. Da man dabei allerdings keine großen Tiefenwirkungen und auch keine Wirkungen auf weite Entfernungen braucht, andererseits auch nicht immer auf ein geeignetes Erdbeben warten kann, stellt man Beben kleinsten Ausmaßes künstlich her, indem man Sprengladungen in geringer Bodentiefe zur Explosion bringt. Durch die Beobachtung der durch solche Explosionen hervorgerufenen elastischen Wellen mit Hilfe geeigneter Apparate, die in weiterem Umkreise um die Sprengstelle herum aufgestellt werden, gelingt es, eine Reihe von Struktureigenschaften des untersuchten Geländes, z. B. den Verlauf von Verwerfungen, genau zu bestimmen, was im Zusammenhang mit dem geologischen Befund oft schon ein klares Bild von der Untergrundbeschaffenheit bietet.

Neben dieser besonders von *L. Mintrop* ausgebildeten Methode der künstlichen Beben verwendet man auch andere Verfahren des geophysikalischen Geländeaufschlusses. So hat man mit einigem Erfolg versucht, die Lage von Salzaufwölbungen dadurch zu bestimmen, daß man in dem betreffenden Gebiet die magnetische Vertikalintensität an einer Reihe von netzartig verteilten Punkten mißt. (Die Vertikalintensität ist die senkrecht nach unten gerichtete Komponente der erdmagnetischen Anziehung.) Da das Salz (gewöhnlich Kalium- und Natriumsalze) magnetisch fast gänzlich neutral ist, während die gewöhnlichen Gesteine (auch wenn sie kein Eisen enthalten) schwach magnetisierbar sind, bildet sich über einem Salzstock ein Gebiet geringerer magnetischer Kraftwirkung aus. Man wird demnach die Kuppe der Salzaufwölbung dort zu suchen haben, wo das Meßinstrument die geringste magnetische Intensität anzeigt.

Ein anderes Verfahren, das besonders in jüngster Zeit angewandt wird, ist das *thermische*. Als Unterscheidungsmittel der Gesteine verschiedener Art wird hier die *Wärmeleitfähigkeit* benutzt, die für Metalle sehr groß, für andere Stoffe wieder klein ist. Wo sich also z. B. Metalle in nicht zu großer Tiefe befinden, wird der aus dem Erdinnern dringende Wärmestrom rascher zur Oberfläche fließen und daher bewirken, daß schon in geringer Tiefe eine stärkere Erwärmung des Bodens gegenüber den angrenzenden Gebieten feststellbar ist. Wieder andere Methoden arbeiten mit elektrischen Strömen, die zwischen zwei in den Erdboden gesenkten Elektroden fließen — aus dem Verlauf der *Stromlinien*, der mit Hilfe empfindlicher Meßgeräte festgestellt wird, lassen sich wertvolle Schlüsse auf die Bodengestaltung ziehen — so auf den Verlauf von unterirdischen Wasseradern oder Erzgängen, die wegen ihres hohen Leitvermögens von der fließenden Elektrizität bevorzugt werden. Einlagerungen schweren Gesteins in spezifisch leichten Schichten können auch durch *Schweremessungen* mit Hilfe von Pendeln aufgefunden werden, da die Massenanziehung, die von solchen Einlagerungen ausgeht, die Schwingungsdauer der Pendel verkürzt. Senkrecht in die Erde führende Spalten (Verwerfungen) verraten sich häufig durch *radioaktive Ausstrahlungen*, die durch solche Spalten aus dem Erdinnern heraus ihren Weg ins Freie suchen.

Die Ausbildung aller dieser Hilfsmethoden des praktischen Geologen hat einen ganz neuen Zweig der Wissenschaft ins Leben gerufen: die *angewandte Geophysik*. Sie ist noch sehr ausbaufähig und dazu berufen, dem Menschen ein weiteres Mittel zur Erkenntnis der Erde und zur Beherrschung ihrer Kräfte und Reichtümer zu sein.

X. Die Lufthülle der Erde

Wasser und Luft — neben einer ausreichenden Versorgung mit Licht und Wärme die wichtigsten Grundbedingungen für das tierische und pflanzliche Leben auf der Oberfläche eines Planeten — sind auf unserer Erde in reichlichem Maße vorhanden, und wenn wir im nächsten und letzten Kapitel die Lebensmöglichkeiten auf unserem Himmelskörper mit denen auf seinen Nachbarwelten vergleichen werden, so werden wir finden, daß unsere Erde in dieser Hinsicht eine einzigartige Stellung im ganzen Sonnensystem einnimmt. Die von wimmelndem Leben erfüllten Ozeane bedecken den weitaus größten Teil der Erdoberfläche und füllen gewaltige Becken bis zu großen Tiefen aus, stellenweise bis zu mehr als 10 km unter dem Meeresspiegel. Aus ihnen ragen, von den zahlreichen großen und kleinen Inseln abgesehen, die Kontinente als mächtige Schollen empor. Meer und Land aber werden hoch überspült von einem in ständiger wirbelnder und strömender Bewegung befindlichen Luftozean, auf dessen Grunde Mensch, Tier und Pflanze gedeihen und auskömmliche Lebensbedingungen vorfinden.

Die Atmosphäre der Erde ist schon in den vorhergehenden Kapiteln dieses Buches gelegentlich Gegenstand unserer Betrachtungen gewesen. Wir haben im sechsten Kapitel von den Gezeiten des Luftmeeres gesprochen, und wir haben im siebenten Kapitel die Bedingungen untersucht, unter denen überhaupt ein Planet imstande ist, sich mit einer Gashülle zu umgeben, ohne daß deren flüchtige Bestandteile in den weiten Weltenraum abwandern. Schließlich haben wir ebenda auch schon die Rolle der Atmosphäre als Wärme- und Strahlungsschutz untersucht und gelernt, eine wie wichtige Funktion ihr bei der Verteilung der mit dem Sonnenlicht von außen zuströmenden Energiemengen zukommt. Eine umfangreiche Wissenschaft, die *Meteorologie* (ein Teilgebiet der Geophysik) beschäftigt sich allein mit den physikalischen Vorgängen in der Lufthülle der Erde, die wir als „Wetter" bezeichnen, und mit den für verschiedene Gebiete der Erde so unterschiedlichen mittleren Zuständen und deren tages- und jahreszeitlichen Schwankungen, für die wir die Bezeichnung „*Klima*" kennen. Wir müssen auf ein anderes, schon mehrfach zitiertes Büchlein dieser Sammlung[1]) verweisen, in dem sich der Leser über dieses große und interessante Gebiet im Einzelnen unterrichten lassen kann. Hier wollen wir uns damit begnügen, einige allgemeine Bemerkungen zu machen, die notwendig sind, um das Bild von der Beschaffenheit unseres Planeten zu vervollständigen.

Höhe und Dichte der Atmosphäre. Am Schluß des vierten Kapitels haben wir bereits erfahren, daß die Gesamtmasse der Atmosphäre verhältnismäßig gering ist und der Masse einer Quecksilberschicht von 760 mm Höhe entspricht. Da das spezifische Gewicht dieses flüssigen Metalls $13^{1}/_{2}$mal größer ist als das des Wassers, würde die Masse der Lufthülle einem Wasserozean von durchschnittlich 10 m Tiefe entsprechen. Nun ist aber die atmosphärische Luft an der Erdoberfläche im Meeresniveau, also dort, wo sie am dichtesten ist, rund 800 mal leichter als Wasser. Wäre die Luft eine Flüssigkeit von überall konstanter Dichte, also bis in die größte Höhe überall gleich dicht wie unmittelbar am Erdboden, dann läge die Oberfläche des Luftmeeres in 8000 m Höhe, und die höchsten Berggipfel des Himalaya ragten fast 1000 m über diesem „Meeresspiegel" der „homogenen Atmosphäre" wie Inseln auf.

In Wirklichkeit wird die Luft, in je größere Höhen wir emporsteigen, immer dünner und dünner. Die Lufthülle reicht infolgedessen viel höher hinauf — auch auf dem Gipfel des Mt. Everest, dem höchsten Punkt der festen Erde, der 1953 zum ersten Male von Menschen betreten wurde, gibt es noch atembare Luft; sie ist dort allerdings schon so dünn, daß ein Aufenthalt in dieser Höhe ohne künstliche Sauerstoffzufuhr dem menschlichen Organismus nicht oder nur ganz kurze Zeit zuträglich ist. Der Luftdruck beträgt in 9 km Höhe über dem Meeresspiegel (das ist ungefähr die Höhe des Mt. Everest) nur noch 230 mm Quecksilber, also weniger als ein Drittel des normalen Drucks am Erdboden.

Durch direkte Beobachtung im Flugzeug und mit bemannten und unbemannten Freiballons lassen sich die physikalischen Zustände der Atmosphäre bis zu Höhen von wenig mehr als 25 km erforschen. Registrierballons, d. h. mit selbständig registrierenden Instrumenten (Barographen, Thermographen, Feuchtigkeitsmessern

---

[1] *H. v. Ficker*, Wetter und Wetterentwicklung.

und Einrichtungen zur Entnahme von Luftproben) ausgestattete Ballons, die erst in sehr großen Höhen platzen und die Apparaturen dann mit Fallschirmen wieder zum Erdboden gelangen lassen, erreichen nur selten Höhen bis zu 30 km, da die dünnen, mit Gummi imprägnierten Seidenhüllen dieser fliegenden meteorologischen Stationen durch das in jenen Höhen reichlich vorkommende *Ozon* (eine chemisch sehr aktive Modifikation des Sauerstoffs) in kurzer Zeit zerstört werden. Erst die in den letzten Jahren immer mehr vervollkommnete Raketentechnik ermöglicht das direkte Studium der höchsten Schichten unserer Atmosphäre, die nach oben nicht scharf begrenzt ist, sondern ganz allmählich in den leeren Weltenraum übergeht. Aber diese neue Methode der Forschung steckt noch ganz in den Anfängen, und ihre Ergebnisse sind noch unsicher und keineswegs abgeschlossen. So beruhen unsere Vorstellungen von Druck, Temperatur, Dichte und Zusammensetzung der Atmosphäre in ihren obersten Schichten zum größten Teil noch auf theoretischen Erwägungen, die sich auf mehr oder weniger hypothetische Voraussetzungen stützen. Sie haben den Charakter von Modellen, die untereinander nicht unerheblich abweichen und bestenfalls gute Annäherungen an die noch unbekannten tatsächlichen Verhältnisse darstellen.

Wie rasch der Luftdruck nach oben hin abnimmt, mögen folgende Zahlen versinnbildlichen: Während in 10 km Höhe der Barometerstand noch rund 200 mm Quecksilber beträgt, würde das Barometer in 30 km Höhe nur noch 9 mm, in 50 km Höhe 0,7 mm anzeigen und in 100 km Höhe bereits auf 1/1000 mm gefallen sein. In 300 km Höhe über dem Erdboden beträgt die Dichte der Luft nur noch ein Zehnmilliardstel der Dichte am Erdboden und der Druck nur noch 1/3 000 000 mm Quecksilber. Obwohl in dieser großen Höhe (die von Raketenaufstiegen — siehe S. 1 — bisweilen schon erreicht worden ist) von einer nennenswerten Atmosphäre kaum noch gesprochen werden kann, ist die fast vollkommene Leere des interplanetaren Raumes noch lange nicht erreicht: man rechnet damit, daß jeder Kubikzentimeter Raum dort oben noch rund 3 Milliarden Luftmoleküle enthält — diese große Zahl wirkt erst dann klein, wenn man bedenkt, daß im Meeresniveau jeder Kubikzentimeter Luft nicht weniger als 25,6 Trillionen Moleküle enthält; sie bleibt aber immer noch ungeheuer groß, wenn man sie mit der Materiedichte des Weltenraumes vergleicht, der mit weniger als 10 Molekülen je Kubikzentimeter schon eher als „leer" angesehen werden darf.

Stoffliche Zusammensetzung der atmosphärischen Luft. Wenn wir von dem sehr wechselnden Gehalt der atmosphärischen Luft an Wasserdampf in ihren bodennahen Schichten absehen, so besteht die (trockene) Luft zu 78,09% aus Stickstoff, zu 20,95% aus Sauerstoff und zu 0,93% aus dem Edelgas Argon. Die restlichen 0,03% enthalten hauptsächlich Kohlendioxyd (Kohlensäuregas, CO_2), daneben Spuren der Edelgase Neon, Helium, Krypton und Xenon, sowie geringfügige Mengen von freiem Wasserstoff. Der Kohlendioxydgehalt der Luft ist örtlich sehr verschieden, besonders groß ist er in der Nähe von Vulkanen, deren Exhalationen große Mengen dieses Gases aus dem Erdinnern zutage fördern, und über Großstädten und Industriezentren, wo die Anreicherung der Luft mit Kohlensäure durch die massenhafte Verbrennung der Steinkohle bewirkt wird.

Bemerkenswert ist, daß die stoffliche Zusammensetzung der Luft bis in sehr große Höhen fast unverändert bleibt. Erst über 40 km tritt der Sauerstoff gegen den Stickstoff ein wenig zurück. Zwischen 15 und 30 km Höhe finden wir eine Schicht, die größere Mengen von Ozon enthält, jener Modifikation des Sauerstoffs, deren Moleküle aus drei statt aus zwei Sauerstoffatomen aufgebaut sind. Das Vorhandensein dieser Schicht hat eine große biologische Bedeutung: Das Ozon absorbiert die kurzwellige ultraviolette Strahlung fast vollständig und verhindert damit das Eindringen dieser für das organische Leben schädlichen Strahlengattung zum Erdboden und in den unteren Luftraum.

Erst in etwa 100 km Höhe scheint sich der Charakter der Lufthülle grundlegend zu ändern. Der Gehalt an Sauerstoff nimmt oberhalb dieser Grenze wieder zu, doch spalten sich die gewöhnlich zweiatomigen Moleküle dieses Gases in einzelne Atome. Diese „Dissoziation" des Sauerstoffs erfolgt in einer kaum 10 km dicken Übergangsschicht (zwischen 90 und 100 km Meereshöhe), oberhalb welcher nur noch atomarer Sauerstoff gefunden wird. Daß dies so ist, hat uns das Studium der in diesen Höhen auftretenden Nordlichter gezeigt, aus deren Spektrum die Beschaffenheit der zum Leuchten angeregten und in diesen Höhen bereits außerordentlich verdünnten Gase ersichtlich ist. Über die Zusammensetzung der Atmosphäre in noch größerer Höhe gehen die Meinungen der Fachleute sehr auseinander — ein 1947 von *Mitra* entworfenes Modell nimmt an, daß in 400 km der atomare Sauerstoff den fast doppelt so schweren zweiatomigen Stickstoff vollständig verdrängt hat und bis an die Grenzen der Atmosphäre das Feld allein beherrscht. Ein anderes Modell (*Grimminger* 1948) dagegen nimmt an, daß bei 400 km auch der Stickstoff dissoziiert und allmählich den atomaren Sauerstoff verdrängt. Erst oberhalb 4000 km soll der atomare Stickstoff allmählich von leichteren Gasen, zunächst von Helium, dann von Wasserstoff abgelöst werden. Eine Entscheidung darüber, welches dieser Modelle der Wirklichkeit besser entspricht, ist zur Zeit nicht möglich.

Die Temperatur der Atmosphäre. Wir haben bereits weiter oben (Kap. VII) festgestellt, wie ungemein kompliziert die Vorgänge sind, durch die der Wärmehaushalt der Erde geregelt wird. Große Temperaturgegensätze herrschen in jenen unteren Bereichen der Atmosphäre, in denen sich das „Wetter" abspielt, und es ist nicht die Aufgabe dieses Buches, sich in Einzelheiten hierüber zu verlieren. Nur soviel mag gesagt werden, daß diese Wettervorgänge, die zum großen Teil durch das Entstehen und den Wiederausgleich verschieden temperierter Luftkörper hervorgerufen werden, auf jenen unteren Teil des Luftraumes beschränkt bleiben, den man als *Troposphäre* bezeichnet. In der Troposphäre nimmt im allgemeinen die Lufttemperatur vom Erdboden aus mit der Höhe mehr oder weniger regelmäßig ab — das Gesetz dieser Abnahme ist, ebenso wie die absoluten Temperaturwerte selbst, jahreszeitlich stark veränderlich, während die Temperaturgegensätze zwischen Tag und Nacht nur in den bodennahen Schichten eine Rolle spielen und schon in 2000 m Höhe in der freien Atmosphäre kaum noch spürbar sind.

Erst in einer gewissen Höhe, die in der Arktis viel geringer ist als in den Tropen, hört die Temperaturabnahme mit der Höhe ziemlich plötzlich auf: es folgt eine Schicht, in der die Temperatur in vertikaler Richtung fast unverändert bleibt. Diese Schicht, die *Stratosphäre,* nimmt an den eigentlichen Wettervorgängen keinen unmittelbaren Anteil, doch werden diese in gewisser Hinsicht durch den meteorologischen Zustand der Stratosphäre „gesteuert". Die Erforschung der Stratosphäre und die regelmäßige Beobachtung ihres Zustandes durch Ballonaufstiege usw. ist deshalb seit Beginn unseres Jahrhunderts zu einem wichtigen Bestandteil des Wetterdienstes geworden und hat nicht unwesentlich zur Verbesserung der Wettervorhersagen beitragen.

Die Troposphäre und die darüberliegende Stratosphäre werden durch eine dünne Übergangsschicht, die sogenannte *Tropopause*,

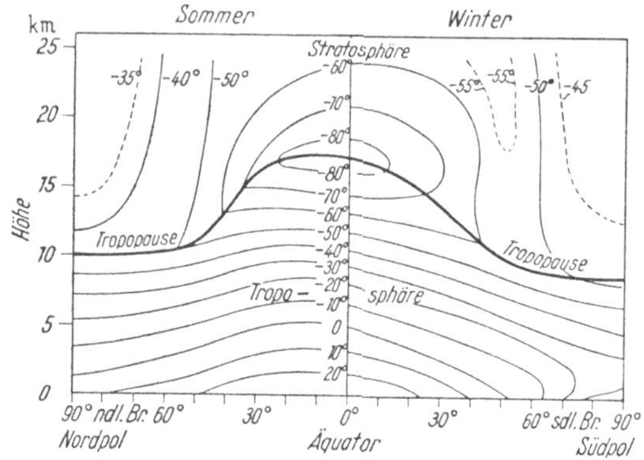

Abb. 53. Vertikaler Meridianschnitt im Juli durch die Atmosphäre mit Linien gleicher Temperatur (Isothermen). Die Tropopause trennt die Troposphäre (abnehmende Temperatur mit der Höhe) von der unteren Stratosphäre (Temperatur in höheren Breiten fast konstant, über den Tropen langsam mit der Höhe wieder zunehmend).

voneinander getrennt. Die Höhe der Tropopause im Sommer der Nordhalbkugel in Abhängigkeit von der geographischen Breite ist in Abb. 53 eingetragen, die außerdem die Linien gleicher Temperatur in einem Meridianschnitt durch die Atmosphäre enthält. Man sieht hieraus, daß über dem Äquator jene Grenzschicht zwischen Tropo- und Stratosphäre etwa in 17 km Höhe liegt, während sie in den Polargebieten im Sommer 9—10 km und im Winter nur 7—9 km hoch ist. Die Tropopause ist infolge dieses Höhenunterschiedes über dem Äquator bedeutend kälter (—80°C) als an den Polen (—50° bis —60° C), und da die Stratosphäre in vertikaler Richtung zunächst nur geringfügiges Temperaturgefälle zeigt, so ergibt sich der merkwürdige Zustand, daß die Atmosphäre in diesen oberen Schichten an den Polen am wärmsten ist.

Die „Isothermie", d. h. die Unabhängigkeit der Temperatur
von der Höhe, gilt angenähert nur für die untere Stratosphäre bis
etwa 30 km. In größeren Höhen beobachtet man wieder eine Zunahme der Temperatur, die ihr Maximum in etwa 55 km Höhe
erreicht, wo bis zu $+75^{\circ}$ C gemessen worden sind. Dann nimmt
sie bis etwa 80 km, wo etwa die obere Grenze der Stratosphäre

anzusetzen ist, wieder ab und erreicht dort Werte, die ungefähr den
Temperaturen der Tropopause und
der unteren Stratosphäre entsprechen. Man hat diese merkwürdige
vertikale Temperaturschichtung der
Stratosphäre unabhängig auf ganz
verschiedene Weise ermittelt. So
kann man z. B. die Temperatur
außer aus direkten Messungen bei
V 2-Aufstiegen (die Ergebnisse zeigt
Abb. 54) auch aus der Geschwindigkeit von Schallwellen bestim-

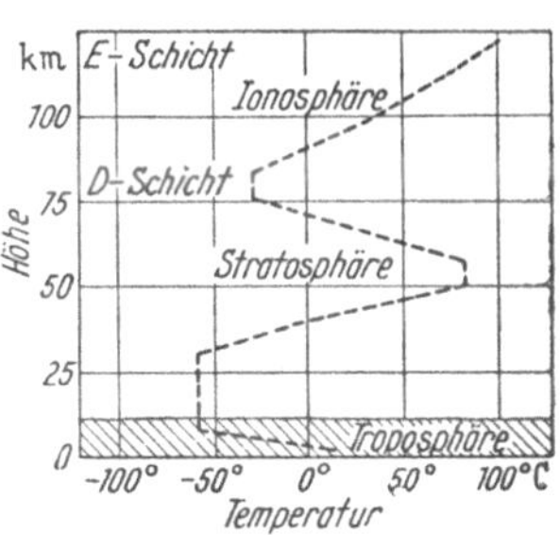

Abb. 54. Temperatur in der
Stratosphäre und der unteren
Ionosphäre nach V 2-Aufstiegen.

men, ferner aus der von der Temperatur beeinflußten Luftdichte,
die man aus der Beobachtung von Sternschnuppen und Meteo-
ren ermittelt hat.

Die Ionosphäre. Von 60 km an geht die Stratosphäre allmählich
in die sogenannte *Ionosphäre* über, in der nicht nur, wie schon
erwähnt, die Sauerstoffmoleküle durch Dissoziation in freie Atome
aufgespalten werden, sondern auch infolge der in jenen Höhen
sehr intensiven Energiestrahlung die Atome der atmosphärischen
Elemente *ionisiert*, d. h. einzelner ihrer Elektronen beraubt werden. Diese *Ionen* des Sauerstoffs, Stickstoffs usw. besitzen daher
positive elektrische Ladungen, während die freien Elektronen
Träger negativer Elektrizität sind. Innerhalb der Ionosphäre bilden sich verschiedene Schichten von bestimmter Elektronen- und
Ionenkonzentration aus, die als Flächen guter Leitfähigkeit elektrische Wellen (z. B. Radiowellen), die auf sie auftreffen, nicht
durchlassen, sondern zum Erdboden reflektieren. Diese Erscheinung, die sehr veränderlich und von der Bestrahlung durch die
Sonne abhängig ist (außer von dem Wechsel zwischen Tag und
Nacht, Sommer und Winter, auch von der Veränderlichkeit der

Sonnentätigkeit, z. B. der aus den Sonnenflecken stammenden Korpuskularstrahlung), macht sich bei dem immer mehr zunehmenden Funkverkehr sehr (und zwar meist störend) bemerkbar, weshalb man der Erforschung der Verhältnisse in der Ionosphäre seit mehreren Jahrzehnten schon aus praktischen Gründen erhöhte Aufmerksamkeit zugewandt hat. Die bekannten „Fading"-erscheinungen beim Rundfunkempfang gehören zu dieser Art von Störungen.

Obwohl der Aufbau der Ionosphäre außerordentlich raschen Veränderungen unterworfen ist, lassen sich doch eine Reihe von Strukturen erkennen, die im großen und ganzen stabil sind, insbesondere einige Schichten maximaler Ladungsdichte, die als reflektierende Flächen in bestimmten Höhen trotz ihrer Veränderlichkeit immer wieder beobachtet werden. So unterscheidet man eine D-Schicht an der unteren Ionosphärengrenze, eine E-Schicht in etwa 120 km Höhe, eine F_1-Schicht in 200 bis 250 km und eine F_2-Schicht in 400 km Höhe. Diese Zahlen entsprechen einem groben Durchschnitt. Die Schichthöhe und auch die ihr entsprechende Ionenkonzentration sind sowohl örtlich als auch mit der Tages- und Jahreszeit sowie mit dem Grad der Sonnenfleckentätigkeit stark veränderlich.

Die Temperatur nimmt in der Ionosphäre mit der Höhe außerordentlich stark zu. Aus Beobachtungen der Nordlichter sowie aus der Beobachtung der von den Schichten der Ionosphäre reflektierten elektrischen Wellen lassen sich Temperaturwerte abschätzen, die allerdings sehr ungenau sind und stark differieren. So schätzt man die Temperatur der E-Schicht auf $0—100^0$ C, die der F_1-Schicht auf $100—1000^0$ und darüber. Hierbei muß bemerkt werden, daß man Temperaturen in so stark verdünnten Gasen durch die mittlere kinetische Energie der in ihnen sich bewegenden Atome, Ionen und Elektronen definiert, und daß dieser Temperaturbegriff nur noch sehr wenig mit dem zu tun hat, den wir aus dem Wärmegefühl in der uns gewohnten Umwelt entwickelt haben.

Die Atmosphäre und das Licht. Die Atmosphäre hüllt den Erdkörper ein wie eine sehr dünne Haut, die schon in 50 km Höhe, also nahe dem oberen Rande der Stratosphäre, praktisch ihren Abschluß findet. Man kann sagen, daß dieses die Erdkugel umschließende Gashäutchen nur wenig mehr als ein Hundertstel des

Erdhalbmessers dick ist, denn oberhalb der 50 km-Grenze befindet sich nur noch rund 1% der gesamten Luftmasse. Trotz ihrer geringen Dicke spielt die Lufthaut unserer Erde eine wichtige Rolle im Leben des Planeten; ihre Funktionen sind durchaus denjenigen zu vergleichen, die von der Haut eines Lebewesens ausgeübt werden: Sie schützt den von ihr eingehüllten Körper gegen die Gefahren der Umwelt, aber sie schließt ihn nicht etwa hermetisch ab, sondern vermittelt infolge ihrer Halbdurchlässigkeit den Austausch der Kräfte zwischen Welt und Umwelt und regelt diesen Austausch gerade mit der den Bedürfnissen des Lebens angemessenen Beschränkung.

Das Licht der Sonne erreicht den Grund des Luftmeeres, auf dem wir wohnen, in vielfach abgewandelter Form. Ein Teil der Energie, die der Erde zugestrahlt wird, wird von den Wolken reflektiert, ein anderer beim Durchgang durch die Lufthülle absorbiert. Die Ozonschicht, die in 20—25 km Höhe besonders kräftig ausgebildet ist, verschluckt den größten Teil der ultravioletten Strahlung, so daß von dieser chemisch sehr aktiven und daher auf Organismen zerstörend wirkenden Strahlengattung nur geringfügige Reste bis zum Erdboden gelangen; andere Wellenlängenbereiche werden ebenfalls auf dem Lichtwege durch die Atmosphäre mehr oder weniger ausgelöscht — so z. B. große Teile der langwelligen Strahlung, die von dem in der Troposphäre enthaltenen Wasserdampf und von dem Kohlendioxyd begierig aufgenommen, in Wärme umgesetzt werden und so zur Beheizung der Atmosphäre beitragen. Ein anderer Teil des zugestrahlten Sonnenlichtes wird an den Molekülen der Luft und an den in ihr suspendierten feinen Staubteilchen zerstreut. Schließlich erleiden die Lichtstrahlen beim schrägen Durchgang durch die verschieden dichten Schichten der Atmosphäre eine Ablenkung von ihrer ursprünglichen Richtung. Diese als *Strahlenbrechung* oder *Refraktion* bekannte Erscheinung interessiert besonders den Astronomen, da durch sie die Richtungen, in denen wir die Gestirne sehen, verfälscht werden.

Beim Auftreffen auf die Moleküle der Luft werden die Lichtstrahlen gebeugt, und zwar erleiden sie um so stärkere Ablenkung, je kurzwelliger sie sind. Von der hierdurch entstehenden Zerstreuung werden also hauptsächlich die blauen Teile des

Sonnenlichtes betroffen: die blaue Farbe des Himmels, dessen Helligkeit gerade durch das zerstreute Sonnenlicht hervorgerufen wird, findet damit seine Erklärung. Ein Beobachter auf dem atmosphärelosen Monde, auf dem also keine Lichtstreuung stattfinden kann, würde auch am hellen Tage die Sonne auf tiefschwarzem Himmelshintergrund strahlen sehen, und auch die Sterne würden am Tage sichtbar bleiben, da ihr schwaches Licht nicht, wie es am irdischen Tageshimmel der Fall ist, von dem hellen Streulicht der Sonne überstrahlt wird.

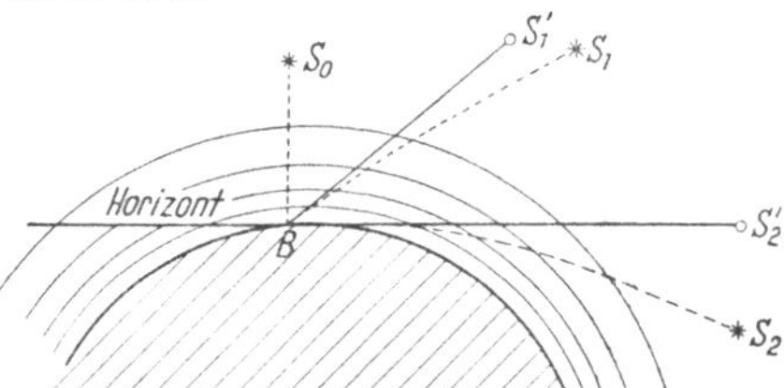

Abb. 55. Strahlenbrechung in der Atmosphäre. Der von einem Stern (S_1) kommmende Lichtstrahl (gestrichelt) wird bei schrägem Durchgang durch die verschieden dichten Schichten der Lufthülle gebrochen und nimmt einen nach unten gekrümmten Verlauf. Der Beobachter (B) sieht ihn in der Richtung des zuletzt durchlaufenen Wegstückes, in S'_1, also um einen kleinen Betrag höher. Ein Zenitstern (S_0) erleidet keine Ablenkung, ein Horizontstern (S_2) ist bereits unter dem Horizont, wenn man ihn (in S'_2) untergehen sieht. Die Zeichnung ist stark übertrieben.

Wenn das Licht die Atmosphäre senkrecht von oben nach unten durchstößt (also etwa, wenn die Sonne im Zenit steht), ist der Weg, auf dem eine Absorption stattfinden kann, verhältnismäßig kurz. Steht aber — beim Auf- oder Untergang — die Sonne dicht am Horizont, so ist (Abb. 55) der Lichtweg durch die Atmosphäre sehr lang, und das Licht verliert auf dieser gewaltigen Strecke durch Absorption und Streuung einen sehr großen Teil seiner Energie. Während wir vor der hoch am Himmel stehenden Sonne unsere Augen verschließen müssen, um nicht geblendet zu werden, können wir dem Tagesgestirn, wenn es am Horizonte steht, unbeschadet ins Angesicht blicken. Gleichzeitig bemerken wir, daß die sonst fast rein weiß leuchtende Sonnenscheibe eine rötlichgelbe bis tiefrote Färbung angenommen hat. Der Grund für diese Verfärbung ist, daß besonders die blauen Anteile der Strahlung von Absorption und Streuung betroffen werden, während rotes Licht fast ungehindert auch durch dicke Luftschichten hindurchgeht (aus dem gleichen Grunde bringt man an Fahrzeugen *rote* Rücklichter an, die auf viel größere Entfernungen sichtbar bleiben als weiße oder blaue).

Auch die *Brechung* der Lichtstrahlen, die von einem Gestirn zu uns dringen, wächst mit der Annäherung des Gestirns an den Horizont. Wie aus Abb. 55 ersichtlich ist, erscheint der Stern (bzw. Sonne oder Mond) durch die Strahlenbrechung mehr oder weniger gehoben. Am Horizont ist der Betrag dieser Ablenkung, die „Refraktion", am größten und beträgt 35 Bogenminuten, d. h.

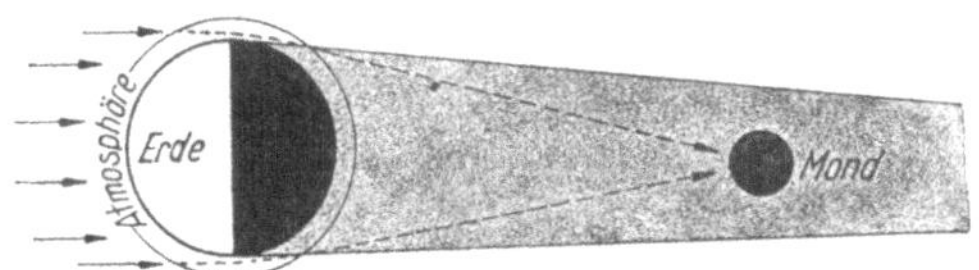

Abb. 56. Während einer totalen Mondfinsternis erscheint der Mond durch das in der Erdatmosphäre gebrochene Sonnenlicht (gestrichelte Linien mit Pfeil) schwach beleuchtet.

rund 6/10 Grad — das ist etwas mehr als der scheinbare Durchmesser von Sonne und Mond, der rund $^1/_2$ Grad beträgt. Wenn also Sonne oder Mond sich zum Untergang anschicken, d. h. mit ihrem unteren Rand den Horizont berühren, sind sie in Wirklichkeit schon ganz unter dem Horizont verschwunden; nur der gekrümmte Verlauf der Lichtstrahlen in der Atmosphäre ist schuld daran, daß wir sie noch erblicken.

Eine eigenartige Wirkung der Strahlenbrechung des Sonnenlichtes in der Erdatmosphäre beobachten wir bei einer *totalen Mondfinsternis*, wenn also der Mond durch den Kernschatten der Erde hindurchgeht. Wäre die Erde ein Planet ohne Atmosphäre, so würde der Kernschattenkegel scharf begrenzt und in seinem Innern vollkommen dunkel sein. Der in diesen Schattenkegel eintretende Mond würde dann, da kein Lichtstrahl mehr auf ihn fällt, vollkommen schwarz und daher für uns unsichtbar sein. In Wirklichkeit ist aber, wie Abb. 56 in einer maßstäblich stark verzerrten Zeichnung erläutert, die Scheibe des verfinsterten Mondes keineswegs vollkommen dunkel, sondern wird durch das von der Erdatmosphäre gebrochene Licht schwach erleuchtet. Hier handelt es sich offenbar um jene Lichtstrahlen, die tangential durch die Atmosphäre laufen, also einen sehr langen Weg durch die Luft zurücklegen müssen. Es sind jene Sonnenstrahlen, die die *Dämmerungszone* der Erde passieren, also jene Orte, an denen die Sonne gerade auf- oder untergeht. Dieses Licht ist infolge Verlust des blauen Anteils durch Absorption und Streuung stark gerötet, und so wird es verständlich, daß es den verfinsterten Mond in einen rötlichen Schimmer taucht. Wer Gelegenheit hatte, schon mehrere solcher totalen Mondfinsternisse zu beobachten, wird sicher bemerkt haben, daß die Rotfärbung des Erdschattens auf dem Monde nicht immer gleich intensiv ist. Die Farbe schwankt zwischen einem hellen, mit Grau vermischten Zinnoberrot und einem tiefen Purpurrot, mit allen Zwischenstufen. Der Grund ist in den jeweils längs des Dämmerungsgürtels herrschenden meteorologischen Verhältnissen zu suchen, die von Fall zu Fall sehr verschieden sein können. Wir beobachten ja auch in der Abenddämmerung ganz verschiedene Himmelsfärbungen, die zwischen hellem Rotorange und blutigem Dunkelrot alle möglichen Tönungen annehmen können, je nach der herrschenden Witterung und nach dem Gehalt der Luft an Wasserdampf, Wolken, Staub und Dunst.

Eine weitere merkwürdige Erscheinung bei Mondfinsternissen ist die Vergrößerung des Erdschattendurchmessers auf der Mondscheibe, die ebenfalls ihren Grund in der Existenz der irdischen Atmosphäre hat. Wenn wir — eine einfache geometrische Aufgabe — die Dimensionen des vom Sonnenlicht erzeugten Kernschattenkegels berechnen, ohne auf die Atmosphäre Rücksicht zu nehmen, so finden wir für die Begrenzung des Schattens auf der Mondscheibe einen Kreis, dessen Durchmesser etwas kleiner als der beobachtete ist. Diese Erscheinung, die gegen Ende des vorigen Jahrhunderts das Interesse der Astronomen erregte und u. a. von *H. v. Seeliger* eingehend untersucht wurde, zeigt, daß bei der Berechnung des Schattenkegels die Atmosphäre trotz ihrer Durchsichtigkeit bis zu einer gewissen Höhe zu dem Umfang des schattenwerfenden Körpers hinzugerechnet werden muß: betrachtet aus der Mondentfernung ist wenigstens der untere Teil der Erdatmosphäre undurchsichtig, da ja die durch ihn hindurchgehenden Strahlen infolge der Brechung einen anderen Weg

gehen, als wenn die Atmosphäre nicht vorhanden wäre. Erst diejenigen Lichtstrahlen, die die Atmosphäre in großer Höhe streifen,
wo wegen der geringen Luftdichte von einer merklichen Strahlenbrechung nicht mehr die Rede sein kann, werden tangential an der
Erde vorbeigehen und den (allerdings immer sehr unscharfen)
Erdschattenrand bestimmen.

XI. Erde, Weltall und Leben

Wenn wir den Inhalt der bisherigen Kapitel dieses Buches
durchblättern, so erkennen wir, wie mannigfaltig unsere Erde mit
dem Geschehen des Weltalls verbunden ist, wie sie und damit auch
alles Leben, das sich auf ihrer Oberfläche abspielt, eingebettet ist
in eine Wirklichkeit von unübersehbaren räumlichen und zeitlichen Abmessungen. Auch das Menschenleben steht unter dem
Gesetz der Gestirne und ist — bis in die kleinsten Gewohnheiten
des Alltags hinein — mit ihm an den Ablauf kosmischer Dinge
gebunden. Der Mensch wurde der Herr der Erde nicht so sehr
durch die Erfindung von Waffe und Werkzeug, als dadurch, daß
er seinen Blick zu den Gestirnen des Himmels erhob und sich
irgendwie einordnete in die Gesetzmäßigkeit einer höheren Welt,
die — seinem Arm und seinem Fuß unerreichbar — doch mit
tausendfältiger und mitunter unheimlicher Gewalt in sein Dasein
eingreift.

Die menschliche Kultur der Gegenwart unterscheidet sich von
der antiken nur dem oberflächlichen Betrachter in erster Linie
durch den technischen Fortschritt. Wir begreifen, daß dieser in die
Augen fallende Unterschied nur die notwendige Folge eines anderen, größeren und tieferen ist: Unser Welthorizont hat sich ge-
weitet, wir sehen die irdischen Dinge und unseren eigenen bescheidenen Wirkungskreis von einem höheren Standpunkt aus unter
der Perspektive einer Ordnung, deren Sinn wir in wesentlichen
Grundzügen begriffen und dem mystischen Dunkel kindlicher
Spekulationen entrissen haben. Was ist dagegen der technische
Fortschritt? Ohne *Kopernikus*, *Kepler*, *Galilei* wäre kein *Newton*
erstanden, ohne *Newtons* Gravitationsgesetz gäbe es keine Mechanik, ohne Mechanik keine Elektrotechnik, ohne tiefere Einsicht

in das Wesen elektromagnetischer Vorgänge keine Atomphysik —
alle diese Dinge hängen so eng miteinander zusammen, daß sie
untrennbar sind, auch wenn es uns heute nicht mehr so vor-
kommt.

Beziehungen zwischen Erde und Weltall. In keiner Hinsicht wird
uns der grundsätzliche Unterschied zwischen alter und moderner
Weltauffassung klarer, als wenn wir die Ansichten über die Art
der Abhängigkeit zwischen Erde und Weltall miteinander vergleichen. Für die Alten waren die Gestirne des Himmels Symbole
der göttlichen Gewalten selbst — sie trugen nicht nur die Namen
der Götter, sondern verdolmetschten den Menschen durch ihre
geheimnisvollen Bewegungen und Konstellationen Götterwillen
und Menschenschicksal. Ungeachtet der ehrlichen Bemühungen
großer Astronomen um eine Erkenntnis mechanischer Weltzusammenhänge beherrschte die *Astrologie*, die Kunst der *Sterndeutung*,
das Feld der Wissenschaft. Solange die Erde als der Mittelpunkt
der Welt galt und somit der *Mensch* als das wichtigste aller Geschöpfe angesehen werden durfte, war die Ansicht verständlich,
daß ein ganzer himmlischer Apparat in Bewegung gesetzt wurde,
nur um dem Menschen als Richtschnur seines Handelns oder als
sichtbares Zeichen göttlicher Entscheidungen über ihn zu dienen.

So unbescheiden sind wir heute nicht mehr. Die Erde steht nicht
mehr im Mittelpunkt der Welt — ihre Stellung innerhalb der
Weltmaschinerie ist durchaus untergeordnet und belanglos. Die
Sterne sind ferne Welten mit eigenem Leben und eigenen Schick-
salen, die wir nicht kennen und niemals kennenlernen werden.
Selbst innerhalb des Sonnensystems, der engeren Familie von
Himmelskörpern, der unser Planet angehört, spielt die Erde rein
größenmäßig keine besonders hervorstechende Rolle, obwohl sie
— wenigstens in ihrem jetzigen Entwicklungszustand — gegenüber ihren Geschwistern, den anderen Planeten, in mehr als einer
Hinsicht besondere Vorteile genießt. Wir werden darauf noch zu
sprechen kommen.

Die Bedeutung der Himmelskörper für das irdische Leben im
allgemeinen und das menschliche im besonderen liegt für unsere
heutige Weltauffassung auf einer ganz anderen Linie als zur Zeit
der Blüte der Astrologie, die seit einigen Jahrhunderten unwider-
ruflich vorbei ist. Wo heute noch für die Entzifferung menschlicher

Schicksale aus der Stellung der Planeten eifrig Propaganda entfaltet wird, da handelt es sich nicht mehr, wie einst, um die ernsthafte Meinung denkender Menschen, die von ihrem Standpunkt aus forschend die noch verschleierten Zusammenhänge zwischen Himmel und Erde zu ergründen suchten, sondern um die Spekulation gewissenloser Geschäftemacher auf den Sensationshunger einer urteilsunfähigen Menge. *Auch wir Menschen des zwanzigsten Jahrhunderts glauben, daß Weltall und Mensch miteinander verbunden sind* — nur sehen wir diese Verbindung nicht mehr in der willkürlichen Symbolik geheimnisvoller Spielregeln, sondern in dem wahrhaft großen und kühnen Gedanken, daß eine und dieselbe Naturgesetzlichkeit Himmel und Erde beherrscht. Ich glaube, daß dieser unbeweisbare, aber schöpferische Gedanke es ist, der die Überwindung des alten durch ein neues Denken am besten kennzeichnet.

Zwei Mittel sind es hauptsächlich, durch die der Kontakt zwischen der Erde und den Gestirnen des Himmels geschlossen wird: die *Strahlung*, die als Licht oder Wärme den Energieaustausch von Stern zu Stern besorgt, und die *Gravitation*, jene geheimnisvollste aller Fernwirkungen, durch die Masse an Masse gebunden, die Zusammenballung der Weltkörper ermöglicht und ihre gegenseitige Bewegungsform geregelt wird. Wir haben uns in den einzelnen Kapiteln dieses Buches hauptsächlich mit den Wirkungen dieser Art beschäftigt, die von *Sonne* und *Mond* ausgehen, dem *größten* und dem *nächsten* aller Himmelskörper unserer Nachbarschaft, den einzigen, die ihre kugelförmige Weltkörpergestalt dem Auge unmittelbar verraten, während alle anderen Gestirne dem unbewaffneten Auge punktförmig erscheinen. Wie sieht es nun mit den Wirkungen der übrigen Planeten des Sonnensystems und mit den Wirkungen der Fixsterne aus?

Die *Planeten* (Abb. 57), insbesondere die beiden nächsten (Venus und Mars) und die beiden größten (Jupiter und Saturn), machen sich durch ihre Massenanziehung bemerkbar; durch sie wird die Erdbahn gestört — namentlich jene in langen Zeiträumen vor sich gehenden Bahnänderungen, die zum Teil an den großen klimatischen Änderungen im Laufe der Erdgeschichte schuld sind, werden durch die winzigen, aber unablässig im gleichen Sinne wirkenden Kräfte hervorgerufen, die aus der Massenanziehung

der Planeten stammen. Auch die Präzession der Tagundnachtgleichen, jene hauptsächlich durch Mond und Sonne bewirkte
Änderung der Erdachsenrichtung im Raume, wird zu einem
kleinen Teil durch die Planetenanziehung mitbestimmt. Wesent-
liche Beiträge zu den *Gezeiten* des Meeres, der Lufthülle und des
Erdkörpers selbst liefert die Schwerewirkung der Planeten schon
nicht mehr, da sie viel zu gering ist.

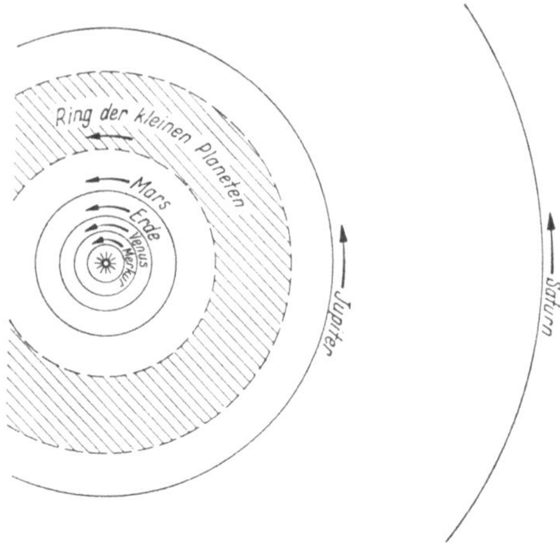

Abb. 57. Aufbau des Sonnensystems (maßstäblich). Die Bahnen des Uranus
und des Neptun sind nicht mit eingezeichnet; ihre Halbmesser betragen das
19- bzw. 30fache des Erdbahnhalbmessers. (Halbmesser der Saturnsbahn
das $9^1/_2$fache.)

Auch die Strahlung der Planeten ist von einer Größenordnung,
die im Licht- und Wärmehaushalt der Erde gar keine Rolle spielt.
Die Planeten sind dunkle Körper, wie Erde und Mond — ihr
Licht ist reflektiertes Sonnenlicht, wie das Mondlicht auch. Der
Mond erhellt mit seinem Schein immerhin unsere Nächte und
trägt daher ganz wesentlich zur Beleuchtung der Erde bei —
aber die *Wärme*strahlung des Mondes ist schon so gering, daß sie
nur mit sehr empfindlichen physikalischen Meßgeräten überhaupt
festgestellt werden kann. Fühlbar für menschliche Wärmeempfin-
dung ist sie nicht, und das gleiche gilt darum in verstärktem Maße
auch für die Planeten.

Die unmittelbaren Einflüsse der Planeten auf irdisches Leben
sind also außerordentlich geringfügig und summieren sich nur

bei den säkularen Störungen der Erdbahn durch die Planeten in Hunderttausenden von Jahren so sehr auf, daß sie Änderungen klimatischer Natur auf der Erde hervorzubringen vermögen. In den Zeiträumen, mit denen in der Menschheits- und Völkergeschichte oder gar im Leben des einzelnen Menschen gerechnet wird, machen sich diese Einflüsse nicht bemerkbar, wenn sie auch der peinlich genauen Beobachtungskunst der modernen Astronomie keineswegs entgehen. Darüber hinaus haben die Planeten, die Brüder unserer Erde, für uns nicht mehr als Schicksals*verkünder*, sondern als Schicksals*genossen* des von uns bewohnten Weltkörpers ein Interesse, das allerdings als allgemein und tiefgreifend bezeichnet werden darf.

Die Planeten als Lebensträger. Die Erkenntnis, daß die Planeten andere Erden sind, die gleich der unsrigen um die Licht- und Lebensspenderin Sonne kreisen, erweckte frühzeitig den Gedanken, sie als Träger des *Lebens* anzusehen. Wenn wir an dieser Stelle auf die Ergebnisse der zahlreichen Überlegungen, die über diese Frage angestellt worden sind, kurz eingehen, so geschieht dies — im Zusammenhang mit dem Thema dieses Buches — hauptsächlich aus dem Grunde, weil durch diese Versuche ganz außerordentlich viel zur Klärung der *kosmischen Bedingtheit* des irdischen Lebenszustandes beigetragen worden ist. Die Planeten geben uns durch ihre körperliche Existenz einen lebendigen Anschauungsunterricht über einen Fragenbereich, der auch rein theoretisch aufgeworfen werden könnte, dessen Beantwortung aber nun nicht mehr auf rein spekulative Überlegungen beschränkt bleibt, sondern im Rahmen der Möglichkeiten durch Beobachtung unterstützt werden kann: Wie ändern sich die Bedingungen für die Entfaltung und Erhaltung des Lebens auf der Oberfläche eines Planeten, wenn man an die Stelle der kosmischen Verhältnisse, die wir bei unserer Erde vorfinden, andere setzt?

In der Tat kann man theoretisch die kosmischen Voraussetzungen für das Leben in sehr mannigfacher Weise abwandeln. Wir können uns vorstellen, daß der zu betrachtende Planet kleiner oder größer sei als die Erde, daß seine Achsendrehung langsamer oder schneller erfolge, daß die Neigung der Umdrehungsachse gegen die Ebene seiner Bahnbewegung eine andere sei als die, die wir von der Erde her kennen, daß ferner die Bahnbewegung um die Sonne eine andere Form und Größe habe (daß der Sonnenabstand größer oder kleiner sei als der unserer Erde, daß die Bahn eine Ellipse von größerer Exzentrizität, d. h. langgestreckter als die nahezu kreisförmige Erdbahn sei), schließlich, daß die Atmosphäre des Planeten dünner oder dichter sei als die irdische, daß sie aus anderen Stoffen oder wenigstens aus Luft von anderer Zusammensetzung bestehe, und so weiter.

Wir sehen also, daß die besondere Stellung, die unsere Erde im Weltall einnimmt, nur *eine* Möglichkeit unter einer unübersehbaren Fülle verschiedener darstellt. Wenn wir die übrigen Mitglieder des Sonnensystems betrachten, so finden wir nur eine ganz geringe Auswahl aus dieser Menge denkbarer Lebensbedingungen verwirklicht. Immerhin genügt diese Auswahl, um uns eindringlich vor Augen zu führen, unter welch ungewöhnlich günstigen Umständen das Leben auf der Erde sich entfalten kann.

Über einen der oben aufgezählten Punkte haben wir bereits früher etwas aussagen können: Am Beginn des siebenten Kapitels stellten wir fest, daß gewisse Bedingungen über Oberflächenschwerkraft und Oberflächentemperatur erfüllt sein müssen, damit ein Planet imstande sei, eine Atmosphäre zu halten. Auf der Erde sind diese notwendigen Voraussetzungen gegeben, ihr ständiger Begleiter dagegen, der Mond, ist mit seiner sechsmal geringeren Oberflächenschwere unfähig, dem Bestreben atmosphärischer Gase, sich in den Weltenraum hinaus zu verflüchtigen, genügend Widerstand zu leisten. Er ist daher ohne Lufthülle und als Träger organischen Lebens nicht geeignet.

Wie steht es in dieser Hinsicht mit den übrigen Planeten des Sonnensystems? Von den sonnennahen Planeten ist nur die *Venus* annähernd so groß wie die Erde — ihre Oberflächenschwere ist nur wenig kleiner als die irdische. Wir dürfen daher schon aus diesem Grunde vermuten, daß Venus von einer Gashülle umgeben ist, und die astronomischen Beobachtungen dieses Himmelskörpers haben diese Vermutung auch bestätigt. Der Planet *Mars* ist an Größe und Masse viel kleiner als die Erde, aber doch beträchtlich größer als der Mond. Auch er besitzt eine Atmosphäre, die aber wegen der geringeren Schwerkraft (37% der irdischen) entsprechend dünner ist. *Merkur*, der sonnennächste der großen Planeten und gleichzeitig der kleinste, steht an Größe zwischen

Mars und Mond. Seine Oberflächenschwerkraft beträgt nur knapp
ein Viertel der irdischen, und wenn wir noch bedenken, daß wegen
der großen Sonnennähe eine sehr hohe Temperatur die Molekulargeschwindigkeit atmosphärischer Gase merklich vergrößern
würde, so dürfen wir erwarten, daß dieser Planet wie unser
Mond als hüllenlose Gesteinskugel durch den Weltraum zieht.

Anders ist es mit den vier großen Planeten jenseits der Marsbahn. *Jupiter* ist an Durchmesser elfmal, *Saturn* neunmal, *Uranus*
und *Neptun* sind je viermal größer als die Erde. Auf Jupiter ist die
Oberflächenschwere zweieinhalbmal größer als die irdische, wäh-
rend die drei anderen „Riesenplaneten" auf die Gegenstände ihrer
Oberfläche ungefähr die gleiche Anziehungskraft ausüben wie die
Erde. Daß trotz der gewaltigen Größe dieser Weltkörper die
Schwerkraft auf ihnen nicht stärker ist, rührt von ihrer geringen
mittleren Dichte her. Insbesondere *Saturn*, der ringgeschmückte
Planet, ist sehr leicht gebaut — seine Dichte ist kleiner als die des
Wassers (0,7 g/cm³). Immerhin darf man, in Übereinstimmung
mit der Beobachtung, auf allen vier Planeten dichte Gashüllen er-
warten, zumal auch die sehr niedrigen Oberflächentemperaturen
(100 bis 200° C unter Null) die Molekulargeschwindigkeit der Gase
merklich verringern und das Entweichen auch leichter Moleküle
(Wasserstoff!) erschweren.

Der äußerste der Großen Planeten, der erst 1930 entdeckte
Pluto, ist wieder ein kleiner Körper, wahrscheinlich kleiner als die
Erde. Wir wissen über ihn nicht viel, da die Angaben über Größe,
Masse und Dichte noch sehr unsicher sind. Es ist wohl möglich,
daß er eine Atmosphäre besitzt; ihre Temperatur muß aber sehr
niedrig sein (unter —200° C), so daß manche unter normalen Umständen gasförmige Stoffe ausgefroren sein werden und die Planetenoberfläche als „Schnee" bedecken. Von den kleineren Körpern des Sonnensystems, den Kleinen Planeten und den Monden
der Großen Planeten, dürfen wir durchweg annehmen, daß sie
ohne Atmosphäre sind. Eine Ausnahme bilden vielleicht die beiden
größten Jupitermonde, die an Größe dem Planeten Merkur gleich-
kommen, und auf denen sich wegen der geringen Oberflächentemperatur eine dünne Schicht schwerer Gase halten kann. Dasselbe gilt vielleicht auch für Titan, den größten der Saturnmonde,
der nicht viel kleiner ist.

Es gibt also eine ganze Reihe von Himmelskörpern in unserem Sonnensystem, die wie unsere Erde mit Atmosphären bedacht sind. Aber als Träger des Lebens scheiden die meisten von ihnen aus. Zunächst die vier Riesenplaneten. Es ist früher oft vermutet worden, daß die Atmosphären dieser Himmelskörper sehr tief hinabreichen, und daß die beobachtete tiefe Temperatur sich nur auf die oberste, lichtreflektierende Wolkenschicht bezieht. Es wäre also denkbar, daß in tieferen, der Beobachtung unzugänglichen Schichten für organisches Leben annehmbare Temperaturen herrschen. Wir können das nicht nachprüfen. Dagegen haben Anfang der dreißiger Jahre Untersuchungen der Spektren dieser Planeten gezeigt, daß in den Atmosphären zwei Gase den Hauptanteil bilden, nämlich Methan (Grubengas, CH_4) und Ammoniak (Salmiakgeist, NH_3). Die Anwesenheit dieser lebensfeindlichen Stoffe läßt aber selbst jene kleine Chance für das Leben als äußerst fragwürdig erscheinen.

Im Gegensatz zu den großen, sonnenfernen Planeten ist unsere Erde in der glücklichen Lage, gerade den Abstand von der Sonne erhalten zu haben, der in bezug auf die Erwärmung von Oberfläche, Luft- und Wasserhülle am günstigsten ist. Wir bemerken, daß nicht alle Zonen der Erde in dieser Hinsicht gleich gut versorgt sind. An den Polen reicht die Strahlungsmenge nicht aus, um die Wärmeversorgung sicherzustellen, in den Tropen ist das Maß des Zuträglichen leicht überschritten, wenigstens wenn wir menschliche Maßstäbe anlegen. Die mittlere Temperatur der Erde (gemeint ist hiermit die Temperatur der untersten Luftschichten, in denen sich ja der weitaus größte Teil alles Erdenlebens abspielt) beträgt 15 °C über dem Gefrierpunkt des Wassers — dieser Wert ist nur wenig größer als das Jahresmittel der Temperatur in den gemäßigten Breiten (in Deutschland 8—10 °C), in denen das Leben, wenn auch nicht seine üppigste, so doch — in der menschlichen Kultur — seine höchste Entfaltung gefunden hat.

Mars und Venus. Ein wie glücklicher Umstand für das Leben der Erde gerade diese Abmessung der ihr zuteil werdenden Sonnenenergie ist, lernen wir am besten einsehen, wenn wir zum Vergleich unsere beiden Nachbarn im Sonnensystem etwas näher betrachten: Venus, deren Sonnenentfernung um gut ein Viertel geringer ist als die der Erde, und die ungefähr das Doppelte an

Sonnenwärme einnimmt — und Mars, der in etwa anderthalbfacher Erdentfernung um die Sonne kreist, und dessen Strahlungsbilanz über doppelt so ungünstig abschließt.

Bei *Mars* kommt als weiteres ungünstiges Moment noch die geringe Dichte der Atmosphäre hinzu, deren Gesamtdruck kaum mehr als ein Zehntel des Luftdrucks an der Erdoberfläche betragen dürfte, also etwa 80 mm Qecksilber, d. h. die „Luft" ist an der Oberfläche des Mars so dünn wie die irdische Luft in 16 km Höhe. Diese dünne Gashülle bietet nur einen sehr geringen Schutz gegen nächtliche Ausstrahlung. Der Planet Mars, dessen Tag übrigens nur 37 Minuten länger ist als der irdische, ist daher sehr starken täglichen Temperaturschwankungen unterworfen. Mäßig warme Tage wechseln schroff mit bitterkalten Nächten. In den Äquatorgegenden steigt die Bodentemperatur wahrscheinlich am Tage 10—20° über den Gefrierpunkt, sinkt jedoch nachts bis —50° ab. An den Polen hat die im Sommer ständig über dem Horizont leuchtende Sonne so viel Kraft, daß sie die dünne Schneedecke allmählich zum Schmelzen bringt, in der langen Polarnacht dagegen dürften Temperaturen von 100° unter Null nicht selten sein.

Woraus die Atmosphäre des Mars besteht, wissen wir nicht genau. Es ist nicht ausgeschlossen, daß, wie auf der Erde, der Stickstoff ihren Hauptanteil bildet. Wasserdampf ist bestimmt vorhanden, wenn auch in geringen Mengen — die weißen Polkappen, die schon die älteren Fernrohrbeobachter bemerkt haben, bestehen sicher aus Schnee oder Eis. Auch Kohlendioxyd haben neuere Beobachter mit Sicherheit festgestellt, der Sauerstoff aber, das lebenswichtige Gas, das in der irdischen Atmosphäre mit 21% vertreten ist, kommt in der Marsatmosphäre nur in geringen Spuren vor. Flüssiges Wasser dürfte höchstens als Bodenfeuchtigkeit oder Tau in den niedrig gelegenen Gebieten des Planeten vorhanden sein — Meere, Seen oder Flüsse gibt es nicht. Alles in allem sind also die Bedingungen für das Gedeihen organischen Lebens auf diesem Himmelskörper herzlich schlecht; man darf aber wohl annehmen, daß eine Vegetation aus anspruchslosen niedrigen Pflanzen wenigstens in den niedrig gelegenen Gegenden der tropischen und subtropischen Gebiete existieren kann — Untersuchungen des Marsspektrums haben gezeigt, daß eine Flora von chlorophyllarmen

Flechten und Moosen mit dem spektroskopischen Befund nicht
in Widerspruch stehen würde.

Wie steht nun es mit *Venus*? Mit Sonnenwärme ist dieser Planet
reichlich, ja überreichlich versorgt, und noch vor wenigen Jahrzehnten hielt man es durchaus für möglich, daß auf seiner Oberfläche ein üppiges pflanzliches und tierisches Leben gedeihe. Die
wenigen Anhaltspunkte, die uns die sehr schwierige astronomische Beobachtung dieses Himmelskörpers gab, ließen der Phantasie großen Spielraum. Dem irdischen Beobachter erscheint
die Oberfläche der Venus in einem glänzenden Weiß und ohne
jede Einzelheit. Es war daher recht naheliegend anzunehmen,
daß eine dichte, das Sonnenlicht stark reflektierende Wolkenschicht den Planeten einhüllt und den Blick auf die feste Oberfläche verwehrt. Der Gedanke, daß diese Wolkenhülle aus Wasserdampf besteht, erschien berechtigt, und so hat noch die vorige
Generation in diesem Himmelskörper, dem schönen Abend- und
Morgenstern, eine Schwester der Erde gesehen. Die Phantasie
bedeckte diesen der Erde an Größe und Masse so ähnlichen Planeten mit warmen, von Leben erfüllten Meeren, deren Wasser
unter dem Einfluß der nahen Sonne stark verdunstete und jene
dichte Wolkendecke erzeugte, die gleichzeitig einen verstärkten
Schutz gegen die schädliche Wirkung der allzu intensiven Sonnenstrahlung bildete.

Die moderne Astrophysik hat diese phantastische Vorstellung
zerstört. Die genaue Untersuchung des von der Venus reflektierten
Sonnenlichts ließ es schon Ende der zwanziger Jahre als sehr
zweifelhaft erscheinen, daß die Venuswolken aus Wassertröpf-
chen bestehen wie die irdischen Wolken. Die Venusatmosphäre
erwies sich vielmehr als ein trübes Medium, in dem das Licht an
feinen, staubartigen Partikeln zerstreut wird. Vor zwei Jahrzehnten
wurde dann auch die sehr schwierige Untersuchung des Venus-
spektrums mit Erfolg zuendegeführt, und es erwies sich, daß die
Venusatmosphäre keine Spur von Wasserdampf oder Sauerstoff
enthält, dagegen riesige Mengen von Kohlendioxyd. Demnach ist
Venus ein trockener Planet mit einer Hülle aus erstickenden Gasen,
in der gewaltige Stürme den Staub bis zu großen Höhen empor-
wirbeln. In den unteren Schichten dieser trüben Atmosphäre muß
die Temperatur sehr hoch sein — Kohlendioxyd ist ein sehr

schlechter Wärmeleiter, und die langwellige Wärmestrahlung, die von dem durch das Sonnenlicht stark erhitzten Boden ausgeht, wird von der mächtigen Schicht dieses Gases nicht durchgelassen. Es ist daher anzunehmen, daß in den bodennahen Atmosphäreschichten Temperaturen herrschen, die 70 oder 80°C übersteigen. Kohlendioxyd wirkt wie das Glasdach eines Treibhauses, das ja auch die wärmenden Sonnenstrahlen ungehindert durchläßt, die so entstehende Wärme aber als schlechter Leiter festhält.

Über die Achsendrehung der Venus wissen wir nichts Genaues. Der als ausgezeichneter Beobachter bekannte italienische Astronom *Schiaparelli* hat gegen Ende des vorigen Jahrhunderts die Ansicht vertreten, daß Venus auf ihrem Wege um die Sonne dieser stets die gleiche Seite zukehrt, ähnlich wie es der Mond der Erde gegenüber tut, und daß sie daher in derselben Zeit um ihre Achse rotiert, die sie zum Umlauf um die Sonne benötigt, nämlich in 225 Tagen. Andere Beobachter kamen dagegen zu der Überzeugung, daß die Rotationszeit der Venus, ebenso wie die des Mars, ungefähr gleich einem Erdentag sei. Heute nimmt man an, daß die Umdrehungszeit der Venus zwischen diesen beiden Extremen liegt und etwa 15—30 Tage beträgt. Genaueres läßt sich darüber nicht sagen, da ja auf der Oberfläche dieses Planeten keinerlei Einzelheiten erkennbar sind, aus deren Bewegung man auf eine Achsendrehung schließen könnte.

Unsere Überlegungen haben gelehrt, daß die Erde in bezug auf den Wärmehaushalt zwischen dem zu kalten Mars und der zu heißen Venus die günstigste kosmische Stellung im Planetensystem einnimmt, und daß bei keinem anderen Planeten die Voraussetzungen für den Bestand organischen Lebens in so vollkommener Weise zusammentreffen wie bei ihr. Man hätte auch Venus noch als geeignete Heimstätte des Lebens ansehen können, wenn nicht der offensichtliche Wassermangel diesen Planeten — soweit wir heute darüber urteilen können — zu einer unfruchtbaren Wüste gemacht hätte. So bleibt von allen Geschwistern der Erde nur noch der Mars als mutmaßlicher Träger einer kümmerlichen arktischen Flora übrig. Es ist auch heute noch ein ungelöstes Rätsel, warum gerade unsere Erde in ihren Meeren so ungeheuere Mengen des Lebenselementes *Wasser* besitzt, und wie es kommt, daß ihre Atmosphäre, im Gegensatz zu allen anderen

Planetenatmosphären, einen so hohen Prozentsatz an freiem *Sauerstoff* aufweist. Diese beiden lebenswichtigen Bedingungen mußten zu den übrigen — der richtigen Größe, der richtigen Entfernung von der wärmespendenden Sonne und der kurzen Rotationsdauer — hinzukommen, um die Erde bewohnbar zu machen.

Die Gezeitenreibung. Daß auch die Rotationszeit eines Planeten für die Bewohnbarkeit eines Planeten nicht unwichtig ist, muß hier noch nachdrücklich betont werden. Die kurze Dauer des irdischen Tages mildert die täglichen Schwankungen der Lufttemperatur. Würde die Erde eine längere Rotationszeit haben, wie der Mond oder wie die Venus, so würde die Erwärmung während des langen Tages erheblich stärker sein und die Ausstrahlung während der langen Nacht zu viel größerer Abkühlung führen, als das jetzt der Fall ist. Würde schließlich die Erde wie der Planet Merkur der Sonne stets dieselbe Seite zukehren, ihre Umdrehungszeit also die Länge eines Jahres haben, so würde auf der einen Erdhälfte ewiger Tag, auf der anderen ewige Nacht herrschen. Es bleibt der Phantasie überlassen, sich die klimatischen Verhältnisse auszumalen, die wir dann auf unserem Planeten vorfinden würden. Auf der Tagseite würde ewige Sonnenglut eine unerträgliche Hitze erzeugen, die Meere würden verdampfen, das Land zur Wüste werden. Auf der Nachtseite aber würde auch die dichte Atmosphäre keinen wirksamen Schutz mehr gegen die Kälte des Weltraums bilden, die auf der Sonnenseite erzeugten Wasserdampfwolken würden sich dort in fester Form niederschlagen und diese Erdhälfte unter einer mächtigen Eisschicht erstarren lassen. Der kurze Tag ist also gleichfalls als Lebensbedingung nicht unwichtig. Er sorgt dafür, daß Licht und Wärme möglichst gleichförmig auf alle Gebiete der Planetenoberfläche verteilt werden, und daß die für lebendige Organismen schädlichen starken Temperaturschwankungen nicht zu groß werden. Die letztgenannte Wirkung wird natürlich nur erzielt im Verein mit den wärmeisolierenden Eigenschaften der Atmosphäre, deren „Treibhauswirkung“ noch durch Beimengungen an Kohlendioxyd und besonders an Wasserdampf verstärkt wird: die feuchte und wolkenreiche Meeresluft mildert die Temperaturgegensätze zwischen Tag und Nacht, die in trockenen Wüstengegenden besonders fühlbar sind. Der stärkere Kohlendioxydgehalt der Luft über großen Städten (Verbrennungsgase !)

bewirkt ebenfalls ein leichtes Ansteigen der mittleren Temperatur und eine Verringerung der täglichen Schwankungen der Luftwärme.

Wenn wir nun die Rotationszeiten der Großen Planeten miteinander vergleichen, so fällt uns auf, daß im Großen und Ganzen die Umdrehungen schneller werden, je weiter wir uns von der Sonne entfernen. Merkur, der sonnennächste Planet, hat mit 88 Tagen (das ist dieselbe Zeit, in der er um die Sonne läuft) die größte Umdrehungszeit; dann kommt Venus mit 15—30 Tagen und Erde und Mars mit je rund 24 Stunden. Die Riesenplaneten jenseits der Marsbahn haben sämtlich kleinere Rotationszeiten. Jupiter rotiert in 9 Std 50 min, Saturn in 10 Std 14 min, Uranus in 10 Std 50 min und Neptun in nicht ganz 16 Std. Man hat oft versucht, einen gesetzmäßigen Zusammenhang zwischen Umdrehungszeit einerseits, Sonnenentfernung und Größe des Planeten andererseits zu konstruieren, aber von einem strengen Gesetz kann hier nicht die Rede sein. Im allgemeinen kann man aber sagen, daß die Planeten um so schneller rotieren, je weiter sie von der Sonne entfernt sind, und je größer sie sind.

Diese Gesetzmäßigkeit ist so auffällig, daß man unwillkürlich nach einer Erklärung dafür sucht. Wir können an dieser Frage nicht vorübergehen, weil ihre — aller Wahrscheinlichkeit nach richtige — Lösung sehr eng mit einem Problem verbunden ist, das schon früher vor uns auftauchte, ohne daß wir eine Antwort darauf geben konnten. Wir fanden nämlich bei der Betrachtung der Erdrotation als des uns durch die Natur gegebenen Zeitmaßes, daß die Umdrehung der Erde langsamer zu werden scheint. Es muß demnach eine *abbremsende Kraft* wirksam sein, der die sich drehende Erde unterworfen ist. Woher stammt diese Kraft, die den Tag langsam, aber stetig verlängert?

Die Antwort auf diese für das zukünftige Schicksal der Erde so bedeutungsvolle Frage hat uns *G. H. Darwin*, der Sohn des bekannten großen Naturforschers, in seiner Theorie der *Gezeitenreibung* gegeben. Er geht aus von der ebenso bekannten wie merkwürdigen Tatsache, daß unser *Mond* der Erde, seinem Zentralkörper, immer die gleiche Seite zukehrt, so daß wir von dem uns nächsten Himmelskörper nur die eine Hälfte der Oberfläche kennen. Ist es ein merkwürdiger Zufall, daß die Rotationszeit des

Mondes genau gleich seiner Umlaufszeit um die Erde ist, oder besteht hier eine naturgesetzliche Notwendigkeit?

Diese Frage legte sich der jüngere *Darwin* vor und beantwortete sie durch folgende Überlegung: Der Mond erzeugt durch seine Anziehungskraft auf der Erde Ebbe und Flut (vgl. Kap. VI, Abb. 31). Da ein großer Teil der Erdoberfläche mit Flüssigkeit bedeckt ist, entsteht eine Aufwölbung des Flüssigkeitsspiegels an zwei entgegengesetzten Stellen der Erdoberfläche, deren Verbindungslinie nach dem Monde zu orientiert ist. Unter diesen Aufwölbungen, den Flutbergen, dreht sich die schnell rotierende feste Erde hinweg, es müssen also zwei Flutwellen um die meerbedeckte Erde hinwegbrausen, die ständig aus den Ebbegebieten durch Zustrom gespeist werden. Diese ständige Strömung, die offenbar der Erdrotation entgegenläuft, muß, da ja das Wasser jeder erzwungenen Verschiebung seiner Teilchen einen Widerstand bietet, zu einer merklichen inneren Reibung führen. Diese „Gezeitenreibung" aber ist es, die auf die Erdrotation bremsend einwirkt. Durch sie wird also die Umdrehung der Erde ständig ,wenn auch fast unmerklich, verlangsamt — dieser Prozeß wird solange andauern, bis die Flutwelle zum Stillstand gekommen ist und damit jede Flutbewegung, also auch jede Reibung aufhört.

Wann aber wird dies sein? Dann, wenn die Erdrotation so langsam geworden ist, daß ein Tag gleich der Umlaufszeit des Mondes ist, also die Erde dem Monde stets die gleiche Seite zuwendet. Hierin liegt gleichzeitig die Erklärung für die merkwürdige Erscheinung, daß wir vom Monde nur eine Seite zu sehen bekommen: Der Mond muß in grauer Vorzeit ein Körper mit flüssiger Oberfläche gewesen sein, damals, als er noch von heißen Lavamassen überflutet war. Seine Rotationsdauer ist vermutlich zu jener Zeit noch kurz gewesen, die nahe Erde mit ihrer gewaltigen Anziehungskraft bewirkte in diesem Meer glühend flüssiger Mineralien Gezeitenwellen von großem Ausmaß und demgemäß auch eine Gezeitenreibung. Aus drei Gründen leuchtet ein, daß der Bremsprozeß, der dadurch wirksam wurde, schon längst zum Abschluß gekommen ist, während der entsprechende, vom Monde auf die Erde wirkende Bremsvorgang langsam abläuft und erst in vielen Jahrmillionen abgeschlossen sein wird: Erstens ist der Mond ein viel kleinerer Körper, der jener Bremswirkung eine viel geringere Trägheit entgegenzusetzen hatte als die Erde. Zweitens war die Gezeitenkraft der Erde ungleich größer. Drittens aber fand die Flutbewegung auf dem Monde in einer zähflüssigen Materie statt, deren innere Reibung außerordentlich viel größer war als die des leichtbeweglichen Wassermantels der Erde.

Die gleiche Theorie läßt sich nun auch auf die Planeten anwenden, die um die Sonne kreisen und daher mehr oder weniger der Gezeitenkraft und der Gezeitenreibung durch die *Sonne* unterworfen sind. Wir haben gesehen, daß auch die Erde merklicher Gezeitenwirkung durch die Sonne ausgesetzt ist; diese kommt aber nicht so sehr zur Geltung, weil die Gezeitenwirkung des Mondes soviel stärker ist. Venus und Merkur aber haben keine Monde, auch sind sie der Sonne näher. Es ist nicht von der Hand zu weisen, daß die vermutete lange Rotationszeit der Venus eine Folge der Gezeitenreibung durch die Sonne ist. Über die Rotation des Merkur wissen wir auf Grund direkter Beobachtungen gar nichts — wenn wir heute annehmen, daß der Merkur der Sonne immer die gleiche Seite zuwendet, so beruht diese Annahme hauptsächlich auf der Theorie der Gezeitenreibung, die bei diesem kleinen Körper in so großer Sonnennähe sicher schon vor undenklichen Zeiten dieselbe Wirkung erzielt haben muß, die wir bei unserem Monde beobachten.

Im Gegensatz dazu ist die Gezeitenreibung durch die Sonne bei den großen sonnenfernen Planeten verschwindend klein. Sie sind zwar der Gezeitenwirkung ihrer Monde unterworfen, aber wenn auch z. B. die großen Jupitermonde gewaltige Körper sind, die an Größe den Erdmond, zum Teil sogar den Planeten Merkur übertreffen, so ist doch ihre Masse im Verhältnis zu der ihres Zentralkörpers klein. Während die Masse des Erdmondes etwa $1/80$ der Erdmasse beträgt, haben wir für die Masse der größten Jupitertrabanten weniger als $1/10000$ der Jupitermasse anzusetzen. Die Bremskraft der Gezeitenreibung durch die Monde kann also der ungeheuren Rotationsenergie des Jupiter nur wenig anhaben. Jupiter und die andern Riesenplaneten haben daher ihre schnelle Umdrehungsgeschwindigkeit bewahrt.

Vergangenheit und Zukunft der Erde. Die Überlegungen, die wir soeben zu Ende geführt haben, zeigen uns mit aller Deutlichkeit, daß unsere Erde als Planet und Lebensträger nicht nur in ihrer räumlichen Einordnung in den Organismus des Sonnensystems außerordentlich bevorzugt ist, sondern daß auch der zeitliche Ablauf ihrer Entwicklung nicht übersehen werden darf, wenn wir ihre besondere Stellung im Kosmos würdigen wollen. Denn die Gestirne des Weltalls sind nicht ewig. Sie sind — wie Mensch, Tier und Pflanze auf der Erde — dem Gesetz des Werdens und Vergehens unterworfen. Die Dinge sind nicht von jeher so gewesen, wie sie heute sind, und sie werden nicht immer so bleiben.

Viele Fragen tauchen auf, wenn wir uns über Vergangenheit und Zukunft unseres Planeten Gedanken machen. Die wichtigste von allen aber ist wohl die, wie lange die Bewohner der Erde mit der Beständigkeit der Energieversorgung durch die Licht- und Wärmestrahlung der Sonne rechnen dürfen. Die Anschauungen darüber haben sich in den letzten hundert Jahren stark gewandelt. Den Astronomen der älteren Generation schien es noch sicher, daß die ehemals heißere Sonne sich im Laufe der Jahrmillionen allmählich abgekühlt hat und in Zukunft, wenn auch für menschliche Zeitbegriffe unmerklich, sich weiter abkühlen wird, und daß die Erde in sehr ferner Zukunft einmal dem Kältetod anheimfallen wird. Die moderne Astrophysik lehrt ein anderes und rückt jedenfalls dieses Schicksal in unabsehbare Ferne. Wir haben im siebenten Kapitel schon gelernt, daß der Energieverbrauch der Sonne durch Kernprozesse in ihrem Innern fortlaufend ersetzt wird, und daß der Wasserstoffvorrat der Sonne, aus dem diese Prozesse gespeist werden, noch für viele Milliarden Jahre reicht. Einige Theoretiker sind sogar der Meinung, daß die Sonne mit der Zeit nicht kühler, sondern sogar wärmer werden wird, und daß somit nicht ein Kältetod, sondern ein Wärmetod einst das Leben auf der Erde beenden wird. Wir können hierüber heute noch nichts Endgültiges sagen und müssen uns mit der Sicherheit zufrieden geben, daß der Lebensquell der Sonne noch unermeßliche Zeiträume hindurch weiterfließen wird, falls nicht irgendeine kosmische Katastrophe eintritt, die diesem Spiel ein plötzliches Ende bereitet.

Aber das ist sehr wenig wahrscheinlich. Eine solche Katastrophe könnte dadurch hervorgerufen werden, daß ein fremder Fixstern in das Planetensystem einbricht und seine Ordnung zerstört. Wir werden weiter unten noch sehen, wie gering die Chancen eines solchen Einbruchs oder gar einer Kollision zweier Sonnen sind. Oder in der Sonne selbst könnten sich instabile Zustände herausbilden, die zu einer gewaltigen Explosion führen, wie wir sie dann und wann am Himmel beobachten, wenn ein „Neuer Stern" aufleuchtet. Aber unsere Sonne scheint zu einer ganz normalen Klasse von Sternen zu gehören, bei denen die gefährliche Bereitschaft zu solchen Extravaganzen nicht vorliegt. Eine andere Gefahr, die weniger die Sonne als die Erde betrifft, würde darin bestehen, daß die Form der Erdbahn um die Sonne sich mit der Zeit grundlegend ändert. Aber auch hierüber dürfen wir beruhigt sein. Gewiß sind einige wichtige Erdbahnelemente, z. B. die Exzentrizität, sehr langperiodischen Schwankungen unterworfen, und wir haben schon früher bemerkt, daß diese Änderungen merkliche Schwankungen in den klimatischen Verhältnissen auf der Erdoberfläche hervorrufen können (Eiszeiten!). Diese Schwankungen der Erdbahnform sind Folgen der Störungen der Erdbewegung durch die anderen Planeten, die mit ihrer Anziehungskraft ständig am Erdkörper zerren und ihn bald in diese, bald in jene Richtung abzulenken suchen. Aber schon der große französische Mathematiker und Astronom *Laplace* (1749—1827), der sich sehr eingehend mit diesen „säkularen Störungen" der Planetenbewegung befaßt hat, konnte nachweisen, daß die *mittlere Entfernung* der Planeten von der Sonne durch solche Störungen nicht verändert werden kann. Es kann also weder passieren, daß die Erde sich allmählich weiter von der Sonne entfernt, noch daß sie ihr mit der Zeit immer näher rückt oder gar schließlich in sie hineinstürzt.

Planetenseelen. Der deutsche Naturforscher und Philosoph *Gustav Theodor Fechner* hat in der Mitte des vorigen Jahrhunderts einen sinnreichen Vergleich zwischen dem „Leben" der Gestirne und der irdischen Wesen aufgegriffen und ihn mit erstaunlicher wissenschaftlicher Gründlichkeit verfochten und zu einer umfassenden Theorie ausgearbeitet. Für ihn sind die Gestirne, besonders aber die Planeten, wirkliche Lebewesen, Organismen höherer Art mit besonderen, ihren Größenverhältnissen angepaßten körperlichen Funktionen, die, so folgert *Fechner* durch einen kühnen Analogieschluß, auch eine bewußt erlebte seelische Einheit bedingen. Nach *Fechner* ist also auch die Erde als Planet ein Lebewesen von kosmischer Größe, das sein lebendiges Dasein im Spiel der kosmischen Kräfte als Individuum einer höheren Welt erlebt. Der feste Erdkörper ist sein Knochengerüst, das in stetigem Kreislauf seine Oberfläche umflutende und überströmende Wasser sein Lebensblut, die grünende und wieder verwelkende Vegetation seine Atmung, die Gesamtheit der organischen und unorganischen Umsetzungsprozesse sein Stoffwechsel, das höhere tierische und menschliche Leben vielleicht in seinem Zusammenspiel die physiologische Grundlage seines geistigen und seelischen Lebens. Dieses Wesen Erde aber steht nicht allein im unendlichen Raum. Durch das Wirken der kosmischen Schwere ist es gebunden an seinen Lebensquell, die Sonne, mit tausend Fäden ist es wechselwirkend geknüpft an andere Organismen, die den Raum beleben. Es fängt Strahlung ein und sendet Strahlung aus — das weitverzweigte Netz seines magnetischen Feldes, das so empfindlich auf jeden Wechsel der einströmenden Energien reagiert, gleicht den Sinneswerkzeugen, die irdische Kleinwesen in ihre Umgebung wie Fühler ausstrecken.

Es ist ein hübsches und anregendes Bild, das uns dieser geistvolle (im übrigen auch durch sehr nüchterne und heute noch anerkannte physikalische Forschungsergebnisse berühmte) Gelehrte in so seltsamer Weise ausmalt, ein Bild, in das wir zum Abschluß unserer Betrachtungen noch einmal alles das einzuordnen und im Zusammenhang zu übersehen vermögen, was uns die Kapitel dieses Buches über die planetaren Eigenschaften unserer Erde gelehrt haben. Ein Bild und ein Symbol, mehr nicht — mögen wir es nun, wie *Fechner* es tat, zur Grundlage des Glaubens an eine allgemeine Weltbeseelung erheben oder, wie wir besser tun, als ein Hilfsmittel ansehen, durch das wir die Fülle irdischen Lebens und irdischer Gewalten eingliedern in die Weiten des unendlichen Raumes und in die Gemeinschaft der Weltkörper.

Erde und Fixsterne. Wir dürfen, um uns dem Vorwurf der Unvollständigkeit nicht auszusetzen, nicht vergessen, noch einen Blick in jene unermeßlichen Fernen zu tun, aus denen — weit jenseits unseres Planetensystems — die Fixsterne und die kosmischen Nebelwelten zu uns herüberleuchten. Die Beziehungen, die zwischen ihnen und der Erde unmittelbar bestehen, sind geringfügig und fast belanglos. Wir bedienen uns dieser fernen Welten als Orientierungsmarken im Raum, der ohne sie dunkel und gestaltlos wäre. Im übrigen beeinflussen sie den Ablauf der irdischen Geschehnisse kaum. Die gesamte Strahlung, die von den Milliarden Fixsternen (von denen das bloße Auge nur wenige tausend zu sehen vermag) zur Erde gelangt, ist verschwindend gering, ebenso die Summe ihrer Anziehungskräfte, die den Lauf der Erde um die Sonne nicht zu stören vermag. Wohl aber bestimmen diese Kräfte den Weg der Sonne selbst mit ihrem gesamten Planetenanhang durch den Raum. Die Sonne umkreist den Mittelpunkt des großen Fixsternsystems, dem sie angehört, in rund 200 Millionen Jahren.

Wir können verstehen, daß diese Bindungen so lose sind, wenn wir versuchen, uns über die räumliche Entfernung, die unser Sonnensystem von diesen Welten trennt, eine wenn auch unvollkommene Anschauung zu bilden. Wir haben gesehen (S. 16), daß es gelungen ist, von dem Durchmesser der Erdbahn als der größten uns zur Verfügung stehenden Basislinie ausgehend, nach dem Prinzip der Triangulation die Entfernung der nächsten Fixsterne zu messen. Der allernächste Fixstern ist ein heller Stern im südlichen Sternbild des Zentauren, genannt Alpha Centauri — seine Entfernung von der Erde ist so groß, daß sein Licht (das in jeder Sekunde 300000 km zurücklegt) 4,3 Jahre braucht, um von ihm zu uns zu gelangen. Umgerechnet in irdische Maßstäbe, würde diese Entfernung etwa 40 Billionen km betragen, das ist fast 300000mal so viel wie die Entfernung Erde—Sonne und fast das 5000fache des Durchmessers der Neptunsbahn. Die gesamte Ausdehnung unseres Sonnensystems mit allen Planeten ist also sehr klein gegenüber den Entfernungen von Fixstern zu Fixstern. Wenn wir unsere Blicke zum Sternenhimmel erheben, so sehen wir dort ein dichtes Gewimmel von Welten, in dem sich ein ungeübtes Auge nur schwer zurechtfindet. Trotzdem müssen wir erkennen, daß in Wirklichkeit diese Sterne im Raum so dünn gesät sind wie etwa ein Päckchen Stecknadeln, das wir — gleichmäßig verteilt — über die Wüste Sahara verstreuen würden.

Der ungeheure Raum zwischen den Fixsternen ist allerdings nicht gänzlich leer. Stellenweise ist er mit ausgedehnten Wolken sehr fein verteilter Materie erfüllt. Kleine Teilchen — von Atomgröße bis zu den Dimensionen gewichtiger Felsblöcke durcheilen ihn. Manche Ansammlungen solcher kosmischer Masse kommen aus den Tiefen des Raumes als *Kometen* zu uns — kleinere Körper stürzen als *Meteore* oder *Sternschnuppen* ständig auf die Erde. Atomtrümmer, die wahrscheinlich von den Fixsternen ausgestoßen werden, gelangen als „durchdringende Himmelsstrahlung" zu uns: diese Teilchen haben eine ungeheure Geschwindigkeit und eine so große Durchschlagskraft, daß sie durch schwere Panzerplatten hindurchgehen. Ihre Gesamtwirkung ist aber so gering, daß sie nur mit sehr genauen Instrumenten festgestellt werden kann.

Entstehung der Planeten. Obwohl sich die Sonne, die keineswegs im Raume ruht, mit einer beachtlichen Geschwindigkeit mitsamt ihrer Planetenfamilie dahinbewegt, ist bei dieser gähnenden Leere des Raums ein Zusammenstoß mit anderen Sternen kaum zu befürchten. Trotzdem ist der Fall, daß sich zwei solcher Sonnen einmal begegnen oder wenigstens so weit nähern, daß sie sich gegenseitig beeinflussen, natürlich denkbar. Der englische Astronom Sir *James Jeans* hat diese theoretische Möglichkeit zum Ausgangspunkt einer Theorie der *Entstehung des Planetensystems* gemacht. Er nimmt an, daß vor unermeßlichen Zeiten unsere Sonne, die damals noch ein „alleinstehender" Weltenbürger gewesen sein soll, eine derartige Begegnung mit einer anderen Sonne hatte. Beide Körper seien damals in geringer Entfernung und mit rasender Geschwindigkeit aneinander vorbeigesaust — es entstanden durch „Gezeitenwirkung" gewaltige Flutberge, die zur Ablösung von Materie aus dem Sonnenkörper — wahrscheinlich auch aus dem Körper des fremden Gestirns — führte. Aus diesen Fetzen losgerissener Sonnenmaterie seien dann die Planeten entstanden. Diese Theorie der Planetenentstehung hat viel Wahrscheinliches für sich, da sie verschiedene Einzelheiten im Aufbau unseres Sonnensystems zu erklären vermag. Wenn sie allerdings richtig ist, dann ergibt sich eine sehr überraschende Folgerung: dann müssen wir nämlich annehmen, daß nur sehr wenige von den Sonnen des Raumes von Planeten umkreist werden. Die Wahrscheinlichkeit, daß ein Stern auf seiner einsamen Wanderung durch den so dünn besiedelten Raum einem Nachbarn begegnet, ist so unvorstellbar klein, daß die Aussicht für einen Lotteriespieler, das große Los zu gewinnen, ganz beträchtlich größer ist. Selbst wenn wir die Lebensdauer einer Sonne zu vielen Milliarden Jahren abschätzen, wird ihre Möglichkeit, auf diese Weise zu einer „Familie" zu kommen, sehr klein sein. *Jeans* rechnet damit, daß in dem ganzen gewaltigen Weltenkomplex, den wir als das *Milchstraßensystem* bezeichnen und der Milliarden einzelner Sonnen umfaßt, die Planetensysteme zu zählen sind.

Wenn diese Theorie richtig wäre (sie braucht es nicht zu sein), dann allerdings dürfte es schwer sein, das Leben auf Planetenoberflächen als *die* Erscheinung zu betrachten, die dem ganzen gewaltigen Weltenbau erst seinen Sinn und Zweck gibt. Dann ist die Besiedlung der Erde mit organischem Leben nicht der natürliche Höhepunkt im Dasein eines Weltkörpers, dem glückliche Umstände die dazu notwendigen Vorbedingungen gegeben haben, sondern ein Ausnahmefall, der fast als einmalig betrachtet werden muß. Denn gesetzt, es gäbe tatsächlich in der ganzen Milchstraßenwelt einige tausend Sonnen, denen der Zufall Planeten geschenkt hätte: wieviel andere Bedingungen müßten noch erfüllt sein, damit auch nur *einer* dieser Planeten so günstig bedacht sei, wie wir es von unserer Erde wissen!

Wir können darüber nun denken wie wir wollen: wir können — wenn auch auf dem Wege über eine umfassende Welterkenntnis — zu der naiven Vorstellung unserer Ahnen zurückkehren, daß der Mensch das Maß aller Dinge sei und der ganze Aufwand von Milchstraßen, Nebeln und Sonnen nur dazu da sei, um dem Menschen und seinem Geschlecht eine kurze Lebensblüte von ein paar tausend oder hunderttausend Jahren zu schenken. Oder, wenn man Pessimist ist, kann man denken, das ganze wimmelnde Leben auf der Haut unseres Planeten Erde sei eine Abnormität, eine Krankheit vielleicht, von der dieser unglückliche Weltkörper befallen ist, die aber, Gott sei Dank, selten und kaum ansteckend ist. Oder aber, und das ist die letzte Möglichkeit, man glaubt, daß der Theoretiker sich doch geirrt hat, und bevorzugt die ältere Auffassung, daß Planeten, wenn nicht um alle, so doch um unzählig viele Sonnen kreisen, und daß somit die Existenzbedingungen für lebendige Wesen nicht ganz so selten gegeben werden, wie es den Anschein hatte.

Wir wollen hinzufügen, daß in der Tat die *Jeans*sche „Katastrophenhypothese", die vor wenigen Jahrzehnten großes Aufsehen erregte, nicht unwidersprochen geblieben ist, und daß viele Astronomen heute wieder der Ansicht zuneigen, daß sich Sonne

und Planeten ohne Einwirkung fremder Kräfte aus einem „Ur-
nebel" von gas- und staubförmiger Beschaffenheit gleichzeitig
gebildet haben.

Welche Auffassung die richtige ist, können wir nicht sagen.
Diese Dinge gehen weit über den Rahmen hinaus, den exakte Forschung mit ihren sicheren Ergebnissen erfüllen kann. Mit unseren
heutigen Mitteln können wir diesen Rahmen kaum noch erweitern.
Wir müssen darauf vertrauen, daß es der Technik kommender
Generationen gelingen wird, die Erdenschwere zu überwinden
und die Geheimnisse anderer Planeten, wenigstens der nächsten,
an Ort und Stelle zu lüften. Dann erst dürfen wir hoffen, sowohl
über die Rolle des Lebens im Weltall als auch ganz allgemein
über alle Dinge grundsätzlich Neues zu erfahren, die mit der
Beschaffenheit und dem Aufbau der Himmelskörper zusammenhängen, und die daher auch jeden angehen, den die Erde als Planet
interessiert.

Berichtigung

Auf Seite 86, Zeile 14 von oben muß es heißen:

„Das Jahr 1954 ist *bisher* das einzige . . ."

Hierzu möge noch bemerkt werden, daß in diesem Jahrhundert
ein zweiter Ausnahmefall der *Gauß*schen Osterformel im Jahre 1981
eintritt, wo die Formel den 26. April ergibt. Nach der *ersten* Aus-
nahmeregel fällt der Ostersonntag 1981 also auf den 19. April.

Namen- und Sachverzeichnis

Abplattung 30 ff., 33 ff., 93 f.
Absorption 108, 111, 147 f.
Adams 133
Aequinoktien 72, 74, 118
Alexander d. Große 57
Alfonsinische Tafeln 6
Alhidade 61
Almagest 5 f.
Al Mamun 26
Amtsjahr, römisches 76
Amundsen 117
Angenheister 115
Archimedes 25
Aristarch 5 f., 8 f., 82, 99 ff., 103
Aristoteles 2, 23, 25
Astrologie 19 ff., 152 f.
Atmosphäre 96 ff., 139 ff.
—, homogene 140
— der Planeten 158 ff.
Aufschlußmethoden, geophysikalische 137 f.
Augustus 76

Barometer 69
Basislinie 29, 102 f., 169
Bernal 135
Bessel 16
Bogenminute, -sekunde auf der Erdoberfläche 59 f., 120
Brahe, Tycho 9 ff., 14 f.
Breite, geographische, siehe Polhöhe
Bruno, Giordano 15, 17

Caesar, Julius 57, 75 f., 85
Cavendish 129
Chandler 119 f.

Darwin, G. H. 163 f.
Datum, julianisches 80 f.
Datumswechsel 40
Deferent 7
Deklination, magnetische 124 f.
Drehwaage 128 f.

Ebbe und Flut, siehe Gezeiten
Ebbering 88
Eiszeiten 113, 167

Ekliptik 6, 42, 71 ff., 83
Entweichungsgeschwindigkeit der Gase 97
Epitome 6
Epizykel, E.-theorie 7
Eratosthenes 2, 25 ff.
Erdbeben 93, 129 ff.
Erde, Alter 20
—, Dichte 128 f., 133 ff.
—, Gestalt 2, 22 ff.
—, Größe (Umfang, Halbmesser) 2, 8, 25 ff., 32 ff.
—, Mantelschicht 131 ff.
—, Masse 106, 128
—, Mittelpunktstemperatur 134
—, Rotation 4, 41, 48 f., 54 ff., 70, 98, 119 ff., 163 ff.
—, Wärmehaushalt 111 f., 161
—, Zwischenschicht 132, 135
Erdkern 122, 129, 131 ff.
Erdkörper 127 ff.
Erdmagnetismus 122 ff., 138
Erdquadrant 32 f., 58
Erdrinde 132 f., 135 ff.
Erdschatten 23 f., 150 f.
Erdwärme 99, 127, 134
Eros 105
Euler 119
Eucken 134 f.
Exzentrischer Kreis 7

Fabricius 114
Fackeln 115
Fechner 167 f.
Fernel 27
Finsternisse 23, 24, 71, 99, 149 f.
Fixsterne 14, 16 f., 168 f.
Fixsternsphäre 5, 14 f., 18, 23, 41 f., 47, 54
Flutberg 87 f.
Foucault 55
Fraunhofer 107 f.
Fraunhofersche Linien 108
Frühlingsäquinoktium 72, 74, 81
Frühlingspunkt 42, 51, 74, 95
Fundamentalsterne 48

Galilei 11ff., 46, 114, 151
Gama, Vasco da 57
Gauß 85
Gegenerde 4
Geodäsie 34
Geoid 34ff.
Geophysik, angewandte 138
Geozentrisches Weltbild 4ff., 18ff.
Gezeiten 36, 87ff., 154, 164f.
— der Atmosphäre 91
— des Erdkörpers 92f.
Gezeitenreibung 49, 162ff.
Gnomon 25, 44f.
Golfstrom 68
Gradmessung 27ff., 37
Gradnetz 58
Gravitation, siehe Schwerkraft
Gravitationsgesetz 13, 31, 83, 87, 93,
    104, 106, 113, 128, 151, 153
Gravitationskonstante 128
Gregor XIII. 77
Grimminger 143

Halley 105
Hayford 34
Heliozentrisches Weltbild 8ff.
Helium 108, 111
Henlein 46
Heptagramm 80
Herschel 14f., 18
Himmelskugel, siehe Fixsternsphäre
Hipparch 6, 40f., 73, 82
Höhenmessung, barometrische 69
Hooke 46

Ionosphäre 145f.

Jahr 42, 71ff., 80f.
Jahresanfang 75f., 81, 84
Jahresringe 116
Jahreszeiten 39, 71ff.
Jeans 170f.
Jeffreys 132, 170f.
Jupiter 5, 30, 79, 105, 153, 157, 163
Jupitermonde 11f., 64, 157, 165

Kalender 43, 74ff., 84f.
Kalenderreform 76ff., 81, 84
Kant 17f.
Kepler 10ff., 83, 103f., 151
Keplersche Gesetze 10, 103f.
Kimm 61

Kleine Planeten 105, 157
Klima 139
Klimaschwankungen 113, 155, 167
Kolumbus 2, 57
Kometen 170
Kompaß 66, 123
Kontinentalverschiebung 121
Kopernikus 6, 8ff., 14, 41, 151
Kreiselkompaß 66f.
Kulmination 23f., 27, 88
Kurs (des Schiffes) 66
Küstner 119

Länge, geographische 58, 62ff., 121
Laplace 167
Leben auf den Planeten 98, 155ff.
Leibniz 13
Leitstrahl 7
Leverrier 14
Logg, Logge 67f.
Longitudinalwellen 130
Lotabweichung 38
Lotrichtung 36f.
Luftdichte 69, 91f., 140f.
Luftdruck 69, 91f., 140f.
Lufttemperatur 69, 143ff.
Luftzusammensetzung 142f.

Mars 5, 79, 104f., 153f., 156, 158ff.,
    163.
Materie, interstellare 169
Meeresströmung 68
Meridian 23, 26, 40, 51ff., 58, 63
Merkur 5, 7, 79, 156, 163
Meteore 170
Meter 32ff.
Metonscher Zyklus 84
Milankovitch 77, 113
Milchstraßensystem 15ff., 169
Mintrop 137
Mitra 137
Mitteleuropäische Zeit 53
Mittelpunktstemperatur der Erde
    134, der Sonne 110
Molekulargeschwindigkeit der Gase
    97
Monat 72ff., 80, 83f.
Monatsanfang 84
Monatsnamen 76
Mond 5, 7f., 64, 71, 75, 79, 82ff.,
    88ff., 93ff., 96ff., 105f., 149ff.,
    153, 156f., 163ff.

Monddistanzen 65
Mondfinsternis 23f., 71, 149f.
Mondjahr 75, 84
Mondphasen 79, 83f., 86
Mondtag 88
Mond und Wetter 86, 92

Nansen 117
Neptun 14, 157, 163
Neumond 84
Newton 13, 31, 83, 87, 93, 104, 106,
    128, 151
Nippflut 91
Niveauflächen der Schwerkraft 36
Nivellement 37f., 68
Nullmeridian 53, 62, 64

Oberflächenschwerkraft 96f., 156
Olivin 135
Ortszeit 51f., 63ff., 117
Osterdatum 76, 78, 85f.
Osterformel 85f.
Ozon 141f., 147

Parallaxe 10, 14, 16f., 101ff., 169
Parmenides 23
Passatwind 56
Patentlogg 68
Peary 117
Pendeluhr 46f., 52
Philolaus 4
Photosphäre 109
Picard 30, 32
Planeten 5, 7ff., 11, 30, 71, 79, 106,
    153f., 157ff., 163, 167
Planetenseelen 167f.
Planetensystem, Entstehung des 170
Plato 22
Pluto 157
Polarlicht 126
Polarstern 59, 95
Pole, geographische 58, 66, 72, 113,
    117ff.
—, des Himmels 23, 59ff., 72
—, magnetische 123f.
— der Ekliptik 95
Polhöhe 24ff., 30, 37f., 46, 58ff.,
    119ff.
Polhöhenschwankung 119f.
Polwanderung 119ff.
Posidonius 26
Präzession 74, 93ff., 154

Ptolemäus 5ff.
Purbach 6

Quarzuhr 49

Räderuhren 44, 46
Ramsay 135
Rechnungsjahr 81
Refraktion, siehe Strahlenbrechung
Regiomontanus 6
Richer 31, 104
Rostpendel 47
Rotation der Planeten 161ff., 165
Rotationsellipsoid 30, 33f., 37, 93

Sanduhr 44
Saturn 5, 30, 79, 153, 157, 163
Schaltjahr 75, 77f., 80f.
Schaltmonat 75, 84
Schalttag 43, 75, 77f., 81, 84
Scheiner, Chr. 114
Schiaparelli 161
Schiefe der Ekliptik 71, 73, 112f., 118
Schiffschronometer 52, 65
Schiffsgeschwindigkeit 66ff.
Schuljahr 81
Schwabe 114
Schweremessung 31, 35f., 92, 138
Schwerkraft 13, 31, 35f., 153
Schweydar 93
Scott 117
Seehöhe 68ff.
Seemeile 59, 68
Seeliger, v. 150
Seismogramm 130
Seismograph 130, 136
Sextant 61
Snellius 29f., 35
Solarkonstante 110, 112f.
Sonne 5f., 8, 39f., 42, 50, 61ff., 71ff.,
    79, 84, 91, 96ff., 106ff., 153, 165,
    169
Sonnenfinsternis 99
Sonnenflecken 11, 114ff., 124ff., 146
Sonnenjahr 75, 84
Sonnentag 41ff., 50
Sonnenuhr 41, 44, 50ff.
Sonnenzeit 40f., 50f.
Sosigenes 76
Sothisperiode 75
Spektroskop 107
Spektrum 107ff.

Spiralnebel 18
Springflut 91
Stadion 25
Sternschnuppen 170
Sterntag 42f., 73
Sternzeit 40, 47, 50
Störmer 125f.
Störungen 14, 112f., 153, 155, 167
Strahlenbrechung 35, 59f., 147ff.
Strahlung 153f.
Strahlungshaushalt der Sonne 109ff., 166
Stratosphäre 143ff.
Streuung des Lichtes 147ff.
Stürme, magnetische 125

Tag 39ff.
Taschenuhr 46
Temperatur der Atmosphäre 143ff.
— des Erdinnern 99, 127, 134
— der Planeten 157ff.
— der Sonne 108f.
Temporalstunden 43ff.
Tiden 90
Tiefenstufe, geothermische 99, 134
Tierkreis 6, 71f, 74
Titan 157
Toise 28, 32
Trägheitsgesetz 12f., 55f.
Transversalwellen 131
Triangulation 29ff., 35, 102, 169
Trigonometrischer Punkt 30, 35
Tropopause 144
Troposphäre 143, 147

Uhren 24, 41, 44ff., 52, 63
Uhrgang 48, 65
Uhrstand 47, 63
Universalinstrument 60
Unruhe 48
Uranus 14, 157, 163

V2-Aufstiege 1ff., 145
Venus 5, 54, 104f., 153, 156, 160f., 163
Venusvorübergang 105
Voltaire 75

Wanach 120
Wasseruhr 44
Wegener, A. 121
Weltzeit 53
Wendelin 101, 103
Westeuropäische Zeit 53
Wiechert 131ff.
Williamson 133
Woche 78ff.
Wochentagsnamen 79

Zeitbestimmung 48, 118
Zeitdienst 47ff.
Zeitgleichung 49ff.
Zeitzeichen 65
Zenitstern 60
Zentralfeuer 4
Zentrifugalkraft 31
Zodiakus, siehe Tierkreis
Zonenzeit 51ff.
Zyklonen 56